新型职业农民培育工程通用教材

规模化猪场高效生产关键技术

◎ 沈富林　主编

中国农业科学技术出版社

图书在版编目（CIP）数据

规模化猪场高效生产关键技术 / 沈富林 主编. —北京：
中国农业科学技术出版社，2016.8
新型职业农民培育工程通用教材
ISBN 978－7－5116－2690－5

Ⅰ.①规… Ⅱ.①沈… Ⅲ.①养猪场－生产管理
Ⅳ.①S828

中国版本图书馆 CIP 数据核字（2015）第174023号

责任编辑　　徐　毅
责任校对　　李向荣
出 版 者　　中国农业科学技术出版社
　　　　　　北京市中关村南大街12号　邮编：100081
电　　话　　（010）8210 6631（编辑室）　（010）8210 9702（发行部）
　　　　　　（010）8210 9709（读者服务部）
传　　真　　（010）8210 6631
网　　址　　http://www.castp.cn
经 销 者　　各地新华书店
印 刷 者　　北京富泰印刷有限责任公司
开　　本　　850mm ×1 168mm　1/32
印　　张　　9
字　　数　　200千字
版　　次　　2016年8月第1版　2016年8月第1次印刷
定　　价　　45.00元

《规模化猪场高效生产关键技术》
编 委 会

前言

养猪业是农业的重要组成部分。改革开放以来，我国生猪生产稳定发展，标准化规模养殖持续推进，综合生产能力显著增强。"十二五"期间，我国生猪生产总体保持稳定增长，生猪存栏量、出栏量和猪肉产量稳居世界第一位。2015年生猪存栏45 113万头，出栏70 825万头，猪肉产量达5 487万t。特别是近年来，我国规模化猪场的数量不断增加，基础设施条件明显改善，自动饲喂、环境控制等现代化设施设备广泛应用，生猪养殖方式正在快速转变。

为了进一步推动生猪标准化规模养殖，促进养猪业生产方式转型升级，推行精细化管理，加强高效适用技术集成创新与推广，提高母猪繁殖力和仔猪成活率，增强综合生产能力，上海市生猪产业技术体系创新团队对体系综合试验站上海祥欣畜禽有限公司和上海农场两个国家级生猪核心育种场各生产环节实施的技术措施和试验成果进行了梳理，对取得明显生产进步的关键技术及生产经营管理等进行了总结和归纳，在此基础上整理编写了本书。

本书主要内容包括后备母猪培育、母猪科学配种、母猪妊娠期管理、母猪产房生产管理、经产母猪生产管理、仔猪生产管理、种公猪精液生产管理、规模猪场种猪繁殖障碍性疫病的防控和净化、信息化智能物联网技术、猪场环境控制技术、猪场生产经营绩效考核管理实践等几十项高效生产关键技术。本书对这些技术进行了详细、客观、科学的阐述，目的是为提高上海乃至我国规模化猪场的标准化、精细化养殖水平，为提升规模化猪场的技术技能和生产管理能力提供借鉴。本书介绍的技术实践性强，又具有先进、适用的特点，可作为各级规模化猪场生产技术人员和管理人员的实用参考用书。

　　本书在编写过程中得到了上海市动物疫病预防控制中心、上海祥欣畜禽有限公司和上海农场的大力支持以及上海市生猪产业技术体系建设项目的资助，同时，也引用了有关作者和单位的部分文献和图片资料，在此一并表示衷心的感谢。

　　由于编者专业知识水平有限，书中难免会出现错误或不妥之处，敬请批评指正。

编　者

2016年5月

目录

第一章 后备母猪培育

第一节 后备母猪科学培育

后备母猪是猪场的生产源泉，及时培育高品质的后备猪，能保持种猪群较高的生产性能。同时，猪群疾病的控制和净化也是从后备猪开始。后备母猪的生产性能对整个基础猪群生产潜力的影响是十分深远的，后备猪培育工作的好坏会直接影响到猪场的经济效益和后期的可持续发展。所以，管理者要切实制订好后备母猪的补充计划，科学地进行组群和饲养管理，适龄、适时配种并做好后续工作，及时为生产猪群补充新生力量。

一、制订后备母猪补充计划

1. 需要考虑的因素

（1）生产母猪年更新率。已经投产的猪场，为了维持母猪群合理的胎龄结构（表1-1），需要对现有生产母猪进行淘汰更新，年更新率一般在25%～40%。原种猪场往往为了追求遗传进展，需要加快世代更替，更新率相对要高些；扩繁场和商品猪场需要考虑更新成本，会适当延长母猪的使用年限，更新率会低些。母猪群稳定的年份，更新率低些；母猪群出状况的年份，更新率会高些；新组群的场更新率低，生产母猪老化的场需要加快淘汰老龄母猪，补充新母猪，更新率就高。

表1—1 猪场理想胎龄结构

胎次	1胎	2~3胎	4~5胎	6~8胎	8胎以上	合计
比率（%）	20.5	34	29	15	1.5	100

注：不适用于核心群和育种群

（2）生产母猪年淘汰原则。在做好后备母猪入群的同时，要将低性能的生产母猪及时淘汰，使母猪群保持良性的循环，猪场才能保持良好的繁殖水平和生产节律。除发生疾病导致不能配种等异常因素外，种母猪一般的利用胎次是7~8胎。有下列情况的种母猪可以考虑淘汰：一是繁殖性能过低，连续两胎活仔数在8头以下的母猪（杜洛克除外）；二是肢蹄病难以治愈或体质过瘦难以恢复的母猪；三是乳房炎、子宫炎、习惯性流产等其他疾患难以治愈，失去种用价值的母猪；四是连续几个情期不孕或不发情的母猪；五是子宫脱落或因难产做过剖腹手术的母猪。

（3）后备母猪利用率。后备母猪在培育过程中，会因为各种原因损失掉一些，最终利用率一般为70%~90%，平均约80%。也就意味着在选留后备母猪时至少要保留20%的选择余地。

2.遵循均衡生产的原则

已投产的猪场要根据年更新计划计算出每月补充数量，相对均衡地选留、补充后备母猪；新建猪场宜从单个健康状况好的种猪场分多次引种；避免单次集中引入同日龄的猪，因这样会造成集中配种，致使产房的产床紧张。

3. 设定培育目标

后备母猪要设定培育目标，见表1-2。

表1-2　评价后备母猪培育的主要指标

指标	一般水平	目标	理想
后备利用率（%）	80	85	90
分娩率（%）	80	85	90
产活仔数（头）	9.5	10.0	10.5
后备母猪贡献（胎）	2.2	2.4	2.6

注：后备母猪贡献指年转生产母猪的后备母猪数与年日均存栏后备母猪数的比值，后备母猪贡献大于或等于2.4的管理水平高，后备母猪无效饲养天数少；小于2.4的管理水平低，后备猪无效饲养天数多

二、后备母猪的组群方式

1. 自繁自养

适用于原种场、扩繁场或留有少量核心群体的商品猪场。通过有计划地选留最优秀后备母猪入群，使生产水平不断得到提升，同时，又能维护本场猪群的健康稳定。

（1）亲本选配。选择生产性能最好的母猪和公猪进入核心群配种，根据其后代性能表现，找到最佳的公母配对组合，选择最优秀的后代留种。

（2）1日龄选择。通过父母及亲属计算当窝仔猪的估计育种值，选择综合指数排名靠前的留种。同时，注意选择同窝产活仔数多、初生窝重大的留种，总产仔数高但产活仔数少的不宜留种；同窝出现疝气、八字脚、锁肛、两性畸形、毛色分离等遗传缺陷的不宜留种。

（3）21日龄选择。此阶段主要是窝选，从产仔数多、哺育率高、断奶窝重大、同窝仔猪生长发育整齐的窝中选留长势好、身体健壮的仔猪，初选时尽量多留。

（4）70日龄选择。70日龄一般为保育结束，体重约25～30kg。选择生长速度快、发育良好的留种。生长速度慢的猪不宜留种。有条件进行生长性能测定的猪场，安排入测。

（5）100kg体重猪的选择。100kg左右的母猪已基本定型，通过本次选择确定入围的后备母猪。对前期入围的种猪在85～130kg时测定体重、背膘厚和眼肌面积等性状。将测定数据录入育种软件进行育种计算和分析，按综合指数排名，指数达到或超过现有群体平均水平的可以入围，同时，根据全场生产节律确定具体入群头数，以实现批次全进全出和均衡生产的要求。

（6）现场选择。现场找出入围的后备母猪进行体型外貌评分，淘汰体型外貌和生殖器官评定不合格的种猪。

2. 外购后备母猪

新建猪场如果需要投产或者已投产的猪场猪群出现明显生产性能退化，则需要考虑引种。引进生产性能优秀的种母猪，可以达到快速扩群、提高现有猪群生产性能的目的。

（1）遵循健康匹配的原则

新建场从健康状况良好的种猪场引种；非新建场从风土驯化做得好的种猪场引种。最好不要从多个场引种，以免造成病原的复杂化。

（2）现场选种

外购后备母猪要进行现场选种，具体要求见表1-3。

表1-3　引种具体要求

项目	分类	具体要求
引种场的资质	证照	通常包括企业营业执照、动物防疫合格证、种畜禽生产经营许可证等，到证照齐全且信誉度好的种猪场引种
	健康要求	无特定疫病，近1年无重大疫病发生等
体形外貌	品种标准	品种特征明显，白猪无杂毛大暗斑
	整齐度	同一批整齐一致
	结构	背线平直，无断背现象
	体长、体高	体长、高度适中，无过短、过矮
	四肢	结构正常、健壮，无肢蹄病
生殖器官	阴户	大小形状正常
	奶头	有效奶头6对以上，排列整齐
健康状况	外观	精神活泼，无明显外伤，无咳嗽、喘气、腹泻症状
	皮毛	光亮，无红疹等皮肤病
	眼睛	光亮有神，无眼病、泪斑
档案	系谱	系谱档案完整、血统清晰；选择五胎以内、同窝仔10头以上的留种；到原种猪场引种可要求场方提供种猪的测定数据和综合育种指数，选择指数100以上的母猪。
	免疫档案	免疫档案不全或无法提供完整免疫档案的不能引入

三、后备母猪的饲养管理

1. 栏舍的选择占重要位置

（1）后备栏舍选址。后备母猪舍最好独立于生产区外或处于生产区靠上风口位置，阳光充足的地方。棚舍吊顶，安装湿帘降温和负压通风系统。

（2）地面和食槽的要求。后备母猪宜采用地面平养。全漏粪或半漏粪地板饲养的后备猪，肢蹄问题相对多些。后备猪自动食槽按5头猪一个采食位置设计，长形人工投料食槽每头猪需要占有30~50cm采食位置，也可不设食槽直接饲喂在地面上。

（3）供水系统。饮水器安装在地势低靠近排粪点处，离地50cm，饮水器流量不低于1 000ml/min。鸭嘴式金属饮水器要做防刺处理，以免对猪造成伤害。供水管道需经过舍内，暴露在舍外的水管，冬季水温过低或冻结，夏季被太阳暴晒导致水温过高，都会造成猪饮水减少。

2. 合理分群

将日龄体重相近的猪饲养在一起，体重误差控制在5 kg以内，每头猪提供不少于2 m²的饲养面积，每栏饲养5~8头。群体过大会降低猪的整齐度。

3. 合理饲喂

（1）人员安排。安排富有责任心、性情温和的人员进行日常的管理和清洁，平时保持圈舍的干燥、整洁、安静。

（2）三点定位。入栏后做好猪的调教，训练猪在固定的地方采食、休息、排便。

（3）供给充足清洁达标的饮水。自来水是理想的选择。但大部分猪场都建在比较偏远的地方，水源选择就尤为重要，要对水质做检测，看其是否适于饮用。给后备母猪饮用不合格水或饮水不足所造成的影响往往是不可逆的。

（4）饲喂专用的后备母猪料。后备母猪料主要营养指标：粗蛋白16%，代谢能3 100kcal/kg，钙0.85%，总磷0.66%，赖氨酸0.8%。供种场家或饲料厂家一般会提供可供参考的大配方。后备母猪体重100kg前自由采食，之后根据猪日龄、体况、情期调整饲喂量，初配体重需达130～160kg。在配种前两周可以进行短期优饲，以促进后备母猪增加排卵数。

（5）提供适宜的环境温度。后备母猪的最适温区为15～25℃，饲养环境温度高于或低于最适温区温度都会对后备母猪生长发育造成影响。另外，后备母猪对热应激非常敏感，在夏季要特别注意防暑降温工作，否则，会导致母猪乏情等情况。

4.后备母猪的疫病防控

做好生物防控措施严防外源性疫病传入，在配种前用抗生素对内源性有害菌进行清理并驱虫；制定适合本场的免疫程序，常用免疫程序如表1-4。

表1-4　后备母猪常规免疫程序

疫苗名称	免疫日龄	用法	剂量
口蹄疫	120	肌注	3ml
猪圆环病毒病	130	肌注	1头份
猪瘟	140	肌注	3头份
猪伪狂犬病	150	肌注	1头份

（续表）

疫苗名称	免疫日龄	用法	剂量
猪细小病毒病	160	肌注	2ml
猪乙型脑炎	170	肌注	1头份
猪圆环病毒病	180	肌注	1头份
猪蓝耳病	190	肌注	1头份
猪细小病毒病	200	肌注	2ml
口蹄疫	210	肌注	3ml
猪乙型脑炎	220	肌注	1头份

5. 淘汰不良个体

日常工作中对患病（肺炎、胃肠炎、肢蹄病等）、生长发育不良的后备母猪应单独饲养，观察治疗两个疗程仍未好转的，应淘汰或转育肥饲养。

6. 建立种猪档案

（1）信息存档。将后备种猪系谱录入计算机系统或猪场管理软件，并适时登录繁殖和免疫信息。

（2）制作后备母猪棚头卡。一般正面为繁殖信息，背面为免疫信息。该卡常悬挂于母猪栏位上，伴随猪整个生命周期的移动。为了方便识别，不同品种或核心群的后备母猪可以使用不同颜色的卡片。

四、后备母猪的配种

1. 后备母猪配种需要考虑的因素

（1）日龄。后备母猪配种日龄大致在210~300d，平均约260d。由于品种、品系、甚至场间不同饲养管理水平，有较大差异。一般体格小、脂肪含量稍高的猪性成熟早；大体型、高瘦肉率的猪种性成熟晚。母系比父系性成熟早。

（2）体重和背膘厚度。资料显示，目前国内后备母猪配种体重普遍在130～160kg，背膘厚12～20mm（表1-5）。生产中需要淘汰背膘极薄（小于10mm）、背膘极厚（大于26mm）的后备母猪。需要注意的是，美系瘦肉型纯种猪的背膘要比其他品系要薄些。

表1-5　母猪首次配种时的体重、背膘厚与繁殖性能的关系

配种时体重 （kg）	P2点背膘厚 （mm）	初胎产仔头数 （头）	1～5胎产仔总数 （头）
117	14.6	7.1	51.0
126	15.8	9.8	57.3
136	17.7	10.3	56.9
146	20.0	10.5	59.8
157	22.4	10.5	51.7
166	25.3	9.9	51.3

（3）情期。后备母猪的初情期出现在150～210d。16～24d为一个周期；日常要做好发情特征的观察与记录，推荐第二、第三情期配种。

后备母猪发情期会受诸如品种、品系、环境、初次接触公猪的时间、营养、疾病等多方面因素的影响，极端条件下有的还会呈隐性经过。

2. 适时配种

（1）诱情。方案一：5月龄左右可以让后备母猪接触公猪，诱导后备母猪尽早进入初情期。选2头体格适中、性欲

好、善交谈的查情公猪，赶到后备母猪栏，每次放入1头，5～10min，再换另外1头进去。每天1～2次，持续1周，停2周，如此循环直至配种。

方案二：在之前不让后备母猪接触公猪，后备母猪配种前2周按方案一操作，同时，进行短期优饲，直到配种。

（2）发情鉴定。发情鉴定最佳方法是当母猪喂料后半小时表现平静时进行。后备母猪的发情鉴定要结合发情的行为表现、外阴变化、情期等方面做出综合判断。后备母猪有发情表现并出现静立反应为理想状态。研究表明，后备母猪配种时出现静立反应比率约60%，38%不表现明显的静立反应，仅有外阴红肿、流出黏液等表现，而2%的猪需要根据配种员的经验强配。配种员所有工作时间的1/3都应放在母猪发情鉴定上。

（3）配种时间把握。

人工授精：静立反应或确定发情后立即输精，连续3次，每次间隔12~18h。

本交：静立反应或确定发情后第一次配种，间隔12～18h配第二次。

五、后备母猪后续生产管理

1. B超测孕

B超测孕1周后复检1次。将未怀孕的后备母猪转回后备栏重新诱情处理，确定妊娠的后备母猪转入妊娠舍饲养，淘汰超龄仍未能配种怀孕的后备母猪和流产的后备母猪。

2. 妊娠舍

妊娠舍主要任务是通过针对性的管理，让妊娠后备母猪保持自身的生长，胎儿正常生长发育。轻胎期间保持3分膘情，重胎后调整到3.5～4分膘情。

3. 分娩舍（产房）

（1）合理控制初生重。初胎母猪临产前注意调整采食量，控制初生重在1.2～1.4kg。初生重过小仔猪难饲养，初生重过大极易发生难产。

（2）培养母性。初胎母猪进产房后，技术员需要与其多接触，减轻对人产生的畏惧。分娩后头3d通过按摩乳房等方法教授其学会主动翻起奶头放乳的习惯。初胎母猪带仔数尽可多些，让乳腺充分发育。

（3）哺乳期减少失重。哺乳期间要减少母猪的失重。产仔3d以后让母猪充分采食，采用湿拌料，日喂3次以上。当后备母猪失重过多时可以考虑适当增加饲料营养浓度或实行16～21d早期断奶。初胎母猪断奶后的体况评分3分为理想状态。

第二节　光照调控技术

猪的祖先欧洲野猪有着季节性发情的特性，一般在日照逐渐缩短的秋末冬初发情，而在日照逐渐延长的春夏季节表现长时间的乏情。光照是影响生猪生产的重要环境因素之一，直接或间接地影响猪的生产性能。国内外学者就光照时间和强度等对猪生产性能的影响研究发现，不同的光环境对不同类型的猪有不同的影响。

光照调控技术是指通过调整猪眼睛周围一定范围内的光照

时间、光照强度等光环境参数，达到促进母猪发情并提升其繁殖性能而采取的技术措施。

一、光照长短对后备母猪初情期的影响

光照对猪的性成熟有明显影响，较长的光照时间可促进性腺系统发育，性成熟较早；短光照，特别是持续黑暗，抑制性系统发育，性成熟延迟。有报道，持续黑暗下的小母猪性成熟较自然光照组延迟16.3d，比12h光照组延迟39d。Diekman（1981）发现，每天15h（300 lx）光照较秋冬自然光照下培育的小母猪性成熟提早20d。因此，建议后备猪的光照时间不应少于12h。也有人建议在14 h以上，光照强度60~100 lx。

二、光照强度对后备母猪初情的影响

光照强度的变化对猪性成熟的影响也十分显著。Anon（1984）研究证明，在封闭猪舍采用8h和16h的光照，对小母猪性成熟无显著影响，而在开放猪舍饲养的猪性成熟显著早于封闭舍内饲养的猪。由此推测是因封闭舍光照强度不足的缘故。IopKoB（1978）的试验证明了这一点，他发现同样接受18h光照，光照强度45~60 lx较10 lx光照下的小母猪生长发育迅速，性成熟提早30~45d。

三、季节性光照对后备母猪的影响

季节性光照时间的变化对母猪的繁殖机能也有着重要影响。日照缩短提高猪的繁殖机能，日照延长降低猪的繁殖机能。自然光照时间随季节的变化而呈现有规律的变化，夏至日照时间最长，冬至日照时间最短，从夏至到冬至日照逐渐缩短，从冬至到夏至日照逐渐延长。研究结果表明，冬至之后，随着日照时间的延长，受胎率逐渐下降，到6~8月达到最低，较其他月份降低10%左右。8月之后，随着日照的缩短，母猪的受胎率又逐渐提高。

根据对夏季不育母猪的研究发现，在整个夏初期间，血液中促黄体生成素和促黄体分泌素的浓度都一直在下降，由1月的最高点下降到7~8月的最低点，引人注目的是，促黄体生成素浓度的下降恰与不育母猪数量的增加发生在同一时间内。可见夏季母猪繁殖机能下降或出现不育，与血液中促黄体生成素浓度的下降有关。

四、光照对后备母猪繁殖性能的影响

配种前及妊娠期，延长光照时间能促进母猪雌二醇及孕酮的分泌，增强卵巢和子宫机能，有利于受胎和胚胎发育，提高受胎率，减少妊娠期胚胎死亡，增加产仔数。Akno Hkob应用持续光照，母猪受胎率提高10.7%，产仔数增加0.8头，初生重增加100g。

光照强度对母猪繁殖性能也有明显影响。饲养在黑暗和光线不足条件下的母猪，卵巢重量降低，受胎率明显下降。增加光照强度能提高产仔数、初生窝重及断乳窝重。光照强度从6~8 lx增加到70~100 lx，产仔数增加4.5%~8.5%，初生窝重及断乳窝重分别提高4.5%~16.7%和5.1%~12.2%。

五、后备母猪光照调控的具体方法

在配种区需要明亮的光照—至少350 lx（光线可以满足很

方便地阅读报纸）。使用测光仪，可以大致测量出在距母猪眼部约20cm处的光照强度在300～350 lx，即说明舍内的光照位置、强度设置正常。理想的光照模式：确保8h黑暗（10～12 lx），以及最长16h的光照（>350 lx），后备母猪可以控制在14h。一般情况下，40w的白炽灯或者15w的日光灯即可满足所需光照效果，但是需要考虑灯至母猪眼部的距离。

第三节　后备母猪膘情控制技术

短期优饲又称催情补饲，是指生产上为提高种母猪的排卵数，而在配种前给予其较高能量水平的日粮。后备母猪通过短期优饲，可刺激其胰岛素的产生，提高雌激素和促卵泡激素在血液中的水平，有利于增加排卵数和提高受孕率。后备母猪是每个猪场繁殖生产的源头，养好后备母猪的关键是控制后备母猪的膘情。对外来品种后备母猪的膘情控制，有以下4个关键点。

一、后备母猪培育期分阶段管理要求

后备母猪可细分为3个阶段：生长期、培育期及适配期。生长期（断奶70kg）的目的是使小母猪的身体得到充分生长发育，此期的饲喂方式采用自由采食。培育期（70～100kg）的目的是使小母猪具备良好的种用体况，按时配种受孕，此期的饲喂方式实行限饲，但只限制其能量的摄入，而要给予足够水平的氨基酸、钙、有效磷和维生素。后备母猪在70kg以后的营养需要就已经不同于一般的商品猪了，最快的生长速度和最佳

的料肉比并不是后备母猪所需要。后备母猪需解决的关键问题是及时启动初情期、促进卵泡发育及调节初配时体况。适配期的目的是增加排卵数，提高受胎率。配种前营养影响卵泡发育和卵母细胞质量进而影响随后的胚胎成活，对于后备母猪，配种前的发情周期饲喂高营养水平可以提高胚胎成活率，饲粮中高纤维含量同样提高胚胎成活率。

二、后备母猪最佳发情比例和初配体况

后备母猪的发情比例控制非常重要，后备母猪群第一次发情最适合比例：26周发情比例达到50%，29周发情比例85%，32周未发情比例5%，首次发情平均时间为27周。符合以上水平的要求，后备母猪膘情管理就做到位了。

通过加强饲养管理、控制好后备母猪背膘，会给整个猪场母猪繁殖性能的保证和优化提供非常有利的条件。后备母猪达100kg时背膘厚在11.00～12.00mm初次发情的平均日龄是最早的，背膘厚在10.00mm以下初情期是最晚的，背膘厚在13.00mm以上初情期也较晚。第二、第三情期也有如表1-6相对应的体重和背膘的要求。青年母猪第一次配种时体重为125～145kg，P2点（距离母猪最后肋背中线5cm左右的地方）背膘厚为18～20mm时，其5个胎次的生产性能可达到最佳。

表1-6　后备母猪情期与理想体重、背膘的关系

情期	月龄	体重（kg）	背膘（mm）
第一情期	6	100	11～12
第二情期	7	116	14～16
第三情期	8	136	18～20

三、后备母猪短期优饲研究进展

在国外，短期优饲技术逐步得到了成功应用，如丹麦的养猪经验是在第二至第三情期配种，配种前10～14d开展短期优饲，将饲喂量从2.5kg增加到3.0～3.5kg，可以提高产仔数1.0～2.0头；在美国，后备母猪以前也开展短期优饲，具体操作方法为：在100kg左右开始，限饲1～2周，然后在配种前2周增加饲料量和营养水平，饲喂量从原来2.5kg或2.8kg增加到3.5kg，其试验数据也表明，通过这样的短期优饲，确实提高了后备母猪的排卵数。而目前，国内的养猪企业在后备母猪的短期优饲上，大多还只停留在理论分析上，真正开展技术应用的还不多，所以，试验效果到底如何，很难从数据上给予支撑。

四、后备母猪短期优饲方法

经上海市生猪产业技术体系对上海2家规模化猪场近5年的数据跟踪和分析，建议短期优饲在后备母猪第二次发情后开始，并在第二次发情配种前8-14d开始增加饲喂量，每天3顿，接近自由采食。推荐四季的短期优饲饲喂增加量分别为春季和冬季0.7kg、夏季0.6kg、秋季0.4kg，短期优饲持续时间控制在8～14d。短期优饲饲喂量随季节变化，一般日均饲喂量表现为春季和冬季高，夏季次之，秋季最低。

第四节　合理初配技术

合理初配技术是指通过对选育入群的后备母猪采取合理的方法处理之后，在正确掌握母猪的发情和排卵规律的前提下，充分刺激诱导发情，适时配种，以达到高分娩率，高产仔数，高利用率和利用年限的目的，进而提高养猪经济效益。后备母猪初配日龄影响因素包括：营养、疾病、背膘、日龄、公猪刺激、光照和配种技术等。

一、初配日龄对母猪繁殖性能影响的研究

有研究表明，初配在210日龄以下的后备母猪，其初胎繁殖指数低于合计平均繁殖指数，且低于初配在210日龄以上的所有日龄阶段母猪初胎繁殖指数。初配在260日龄以上的母猪，其初胎胎均重明显高于其他各初配日龄阶段的胎均重。随着后备母猪初配日龄的增长，初胎繁殖指数有逐渐增高的趋势。但是考虑到母猪的经济效益及可利用年限，实际生产中初配日龄不会高于280日龄（280日龄尚未达到初配条件的将予以淘汰）。

二、后备母猪合理初配的具体方法

1. 选择符合本品种特征、健康合格的后备母猪

日龄：120～140d，体重70～90kg。隔离驯化45～60d，期间做好疫苗防疫工作，并在160日龄开始进行限饲（饲养体型偏小的加系和丹系母猪要求限制饲喂，新美系母猪并没有这样的要求）和每日1～2次的公猪诱情工作，同时，做好相关记录。限饲的目的是控制后备母猪的P2点背膘在14～18mm。

2. 选择适配年龄和体重

新美系等大体型母猪7～8月龄配种，第二或第三个情期，初配体重130～140kg；丹系等小体型母猪初配体重适当降低约20kg。

3. 短期优饲

在做好诱情记录的基础上，在预计下一个情期到来前进行短期优饲。

4. 合理光照

合理的光照有利于后备母猪提高利用率和产仔数。配种前采用强烈的公猪刺激、混群或移群等措施，可以更好地刺激母猪发情排卵。

5. 配种时机安排

要使卵子受精，必须在排卵前、特别是在排卵高峰前2～3h左右交配或输精，才能使精子提前到达输卵管上部1/3处的受精部位。而精子具有受精能力的时间仅12～20h，但比卵子具有受精能力的时间8～10h要长得多。因此，必须在母猪排卵前，特别要在排卵高峰阶段前数小时配种或输精，即在母猪排卵前2～3h（要在出现交配欲并接受爬跨的时间后的12～24h）开始配种，隔12h再配1次，让精子等待卵子的到来。

第二章 母猪科学配种

第一节 公猪查情技术

一、技术原理

公猪查情是利用成年公猪与母猪通过气味、声音进行交流的特性，借助成年公猪的求偶声音、外激素气味及交配行为，通过听觉、视觉、嗅觉和触觉等来刺激成年母猪的脑垂体，促进母猪排卵、发情、接受交配。开展公猪查情目的是提高母猪发情率，减少非生产天数，提高母猪的年产胎数，从而增加经济效益。

二、具体方法

1. 查情公猪的要求

成熟而性情好的公猪（公猪10月龄以上，以12月龄为佳）能最大限度地刺激母猪发情。公猪应有很强的性欲，气味浓烈，口腔泡沫多，不具有攻击性，易被饲养员控制。

2. 用公猪查情及试情的具体方法

（1）时间安排。每天2次，时间在每天上午和下午喂完料后半小时开始；如果每天1次查情，应安排在早上，以便及时发现发情母猪。

（2）发情周期。母猪的发情周期为21d；在1个发情周期内，根据母猪生殖器官的生理变化和表现，可以分为以下4个阶段。发情前期，即从母猪表现神经症状或外阴部开始肿胀，直到接受公猪爬跨为止。此阶段母猪卵巢中的卵泡加速生长，生殖腺体流动加强，分泌物增加，生殖道上皮细胞增生，外阴部肿胀且阴道黏膜由浅红变为深红，但不接受公猪爬跨。发情期（发情中期），即从接受公猪爬跨开始到拒绝公猪爬跨为止，是发情症状最明显的时期。卵巢中的卵泡成熟并排卵，生殖腺体流动加强，分泌物增加，子宫颈放松，外阴部肿胀到高峰，充血发红，阴道黏膜颜色呈深红色，追找公猪，精神发呆，站立不动，接受公猪爬跨并同意交配。发情后期，即从拒绝公猪爬跨到发情症状完全消失为止。此时，母猪性欲减退，有时仍走动不安，爬跨其他母猪，但拒绝公猪爬跨和交配。卵巢排卵后卵泡腔开始充血形成黄体，生殖器官逐渐恢复正常。休情期，即从此次发情症状消失至下次发情症状出现的阶段。此期卵巢排卵后形成黄体并分泌孕酮，母猪保持安静状态，没有发情症状。采用试情公猪查情是养猪场最佳的查情方法。确定母猪是否发情的特征性表现是母猪在试情公猪前出现静立反射（图2-1）。结合母猪外阴部肿胀及松弛状况、黏液量及黏稠度、阴道黏膜充血状态，对母猪发情阶段判断会更准确。

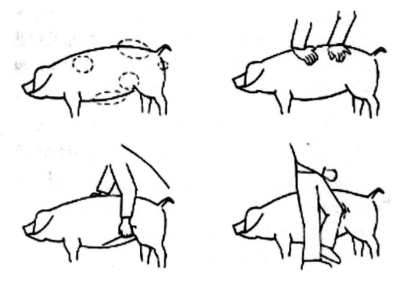

图2-1　人工查情时的查情部位

3.具体方法

（1）后备母猪查情。正常情况下，有些后备母猪160日龄左右就有发情，因此后备母猪在160日龄前就要用公猪诱情。诱情时地面不能太滑，以免公母猪受伤；每栏母猪最好6～8头母猪，最多不要超过12头；每天将诱情公猪与后备母猪每次接触10—15min，一天2次。试情时，让公猪与母猪头对头试情，以使母猪能嗅到公猪的气味，并能看到公猪。因为前情期的母猪也可能会接近公猪，所以，在试情中应另1名查情员对主动接近公猪的母猪进行压背试验。如果在压背时出现静立反射，则认为母猪已经进入发情期。

（2）断奶母猪及空怀母猪的查情。从断奶当天开始用公猪刺激和诱情（每天2次）。将公猪赶到断奶母猪的前面，公猪前后各1人，以控制公猪的速度，1人对断奶母猪进行压背，以刺激母猪早日发情（图2—2、图2—3）；断奶后7d未发情母猪及空怀母猪赶入大栏混群，并用公猪试情，每天2次，每次10—15min。

（3）发情记录。母猪群的发情登记有助于寻找猪群的发情规律，以便为今后配种时机掌握提供依据。有助于审查配种过程的操作情况对受胎率及产仔数的影响以及某头公猪配种受胎率情况和配种时机掌握的水平，以便进行公猪的鉴定和更准确地判断猪群的总体配种时机。准确的发情记录，以有利于配种计划的实施，实行催情补饲。

图2—2　公猪查情

图2-3　机器公猪查情

三、技术参数

1. 公猪查情对母猪断奶到发情间隔的影响

初情期前母猪接触成年公猪后，初情期有所提前。研究证实断奶母猪每天接触公猪可以缩短断奶到发情间隔，较高比例的断奶母猪在断奶10d或16d以内表现出发情征兆。在这些研究中，对照母猪断奶到发情间隔所需平均时间比较长（10d以上），而接触公猪的母猪断奶到发情间隔显著缩短，间隔所需的平均时间减少了3d。大多数试验表明公猪试情对断奶到发情间隔时间较长的母猪（例如初产母猪）尤为重要。更重要的是，研究公猪试情对断奶到排卵的时间间隔影响比研究断奶到发情的时间间隔更为重要，因为，公猪试情可以避免母猪安静发情的影响。Langendi jk等（2000）用94头杂交初产母猪进行了一项试验来验证公猪试情对断奶母猪从断奶到排卵时间间隔的影响。半数的母猪在断奶后2天进行公猪试情，其余不进行试情。进行公猪试情的母猪组在断奶第二天开始接触1头公猪10min，从第三天开始一天接触3次，每次30min。结果表明：经试情的母猪在断奶9d内排卵的头数增加，试验组与对照组排卵的母猪比例分别为51%和30%（P<0.05）。需要指出的是，初产母猪在断奶9d内表现出的不排卵比例较高。即便是在公猪试情组，49%的母猪在断奶9d内没有排卵。更进一步的分析表明，试验组与对照组相比接受公猪试情的母猪，更多的在断奶第6.5d到第9d排卵。这个研究结果表明，公猪试情主要对有着较长断奶至排卵间隔的母猪有效。先前公猪试情对断奶后母猪影响的试验认为可能对试情发情更为有效。Walton（1986）描述了公猪对泌乳期的最后1周母猪的影响（与公猪隔栏接触，每天2次，每次30min），结果表明，试情组表现出更短的断奶到发情间隔。Newton等（1987）发现与对照组相比将母猪在泌乳期最后8d每天接触公猪1h能减少断奶到发情时间间隔0.9d，Petchey和English对舍养的泌乳期母猪从泌乳期第三周进行分组，在分组后第4d对其中一半母猪进行公猪试情。结果表明，公猪试情导致断奶到配种受孕的时间间隔为4.7d，而没有公猪试情的对照组为10d。Walton（1986）发现断奶后公猪试情更为有效，而且断奶前后公猪试情有叠加效应。然而，泌乳期的公猪试情可能会诱发泌乳期发情。在Petchey和English（1980）的研究中，泌乳期接受公猪试情的母猪中有10%出现泌乳期发情。因此，较长时间泌乳期过早接触公猪可能会增加母猪泌乳期发情比例。总之，对于较长断奶到发情间隔的母猪

来说，公猪试情对排卵和发情启动是有效的。泌乳期最后一周与公猪接触可能有叠加效应，但这增加了泌乳期发情的危险。

2. 查情方法对后备母猪发情的影响

根据不同查情方式对群养后备母猪发情进行试验（表2-1），表明后备母猪在没有公猪刺激的情况下，仅50%发情；而在有公猪强烈刺激下，发情率达到92%以上；因此，正确的公猪接触方法对于刺激母猪发情很重要。

表2-1　不同查情方式群养后备母猪发情结果

项　目	无公猪刺激	公猪栏外查情	公猪栏内查情	公猪栏内+饲养员刺激
试验数（头）	24	24	50	50
发情数（头）	12	18	46	47
发情率（%）	50	75	92	94

3. 变换不同公猪对后备母猪发情的影响

根据变换不同公猪对群养后备母猪发情进行试验（表2-2），表明变换不同公猪会比使用同一头公猪的刺激效果更好。在后备母猪与公猪接触到发情约21d的饲养期间如给予变换公猪刺激，其效果将比只用单一头公猪的刺激更好。变换公猪组的后备母猪平均发情日龄是172.4d，有86%的后备母猪发情。而单独用一头公猪组的后备母猪在整个试验期的发情率仅为76%，且仅有41.4%在14d内发情；至于没与公猪接触组在整个试验期的发情率仅为58%。因此，如果有一头以上的成熟公猪轮流刺激，将可获得最好的发情效果。

表2-2　不同公猪查情对群养后备母猪发情结果

项　目	试验母猪数（头）	发情数（头）	发情率（%）
无公猪刺激	50	29	58
同一头公猪刺激	50	38	76
不同公猪刺激	50	43	86

第二节　适时配种技术

一、技术原理

适时配种就是正确掌握母猪的发情和排卵规律，及时交配或输精，使精子与卵子在生活力最旺盛的时候相遇，达到受胎的目的。母猪配种时间的判定，以其排卵时间、卵子和精子保持受精能力的时间、精子上行至输卵管上部所需要的时间以及外阴和阴户黏液的状态为理论依据；做好适时配种工作，不仅可防止母猪的漏配，而且可以提高母猪的产仔率和受胎率，进而提高养猪经济效益。

二、具体方法

1. 选择适配年龄和体重

一般母猪7-8月龄配种，母猪体重达130～140kg；第二或第三个情期配种。

2. 发情鉴定

无论后备母猪或经产母猪都表现为极稳定的静立反射，外阴部红肿稍退，出现皱纹，阴道颜色呈粉红色，频频排尿，黏液浓度增加并有较好拉丝性，食欲减退或无食欲，并发出特异的叫声等特征，说明可以配种了。

3. 把握排卵规律

在生产中要做到适时配种，必须掌握母猪发情后的排卵规律，母猪的排卵一般发生在发情开始后的24～48h。排卵高峰在发情后的36h左右。排卵持续时间一般为10～15h。卵子在输卵管中约需运行50h。卵子排出后在8—10h有受精能力。一般认为青年母猪初情期后到第二至第三个发情期后再配种，对提高产仔数有利。

4. 掌握配种时机

要使卵子受精，必须在排卵前、特别是在排卵高峰前2—3h交配或输精，才能使精子提前到达输卵管上部1/3处的受精部位。而精子具有受精能力的时间仅12～20h，但比卵子具有受精能力的时间（8～10h）要长得多。因此，必须在母猪排卵前，特别要在排卵高峰阶段前数小时配种或输精，即在母猪排卵前2～3h，也就是说要在出现交配欲并接受爬跨的时间后的12～24h开始配种，隔12h再配1次，让精子等待卵子的到来；生产实践中，具体配种时间安排，见表2-3。

表2-3　母猪配种时间

	查情	首配	复配	第三次配种
后备母猪	上午	上午	下午	上午
经产母猪	断奶后第四天上午/下午	第五天上午	第六天上午	第七天上午

（续表）

	查情	首配	复配	第三次配种
经产母猪	断奶后第五天上午	第五天下午	第六天下午	第七天上午
经产母猪	断奶后第五天下午	第六天上午	第七天上午	第七天下午
经产母猪	断奶后第六天及之后	立即配	12h后配	12h后配

三、技术数据

适时配种，确保受胎率。据对北京某猪场青年母猪的排卵规律研究表明：发情母猪在接受公猪爬跨后的 0～24h 内，排卵数占总排卵数的 1.59%；24～36h 排卵数占总排卵数的 17.38%；36～48h 则为排卵高峰期，此期的排卵数高达 65.57%。（也有认为排卵高峰期是在发情开始后 31h，范围 25.5～36.5h）48h 后的排卵数仍高达 13.9%。但由于排卵时间受不同品种、年龄及个体间有差异，因此在确定配种时间上还需灵活掌握。表 2—4 试验结果表明，开始允许公猪交配后的 10～24h 为母猪的最佳配种时期，受胎率最好。

表2—4 不同时间输配受胎比较

项目	发情至配种时间（h）				
	0—10	10—24	24—36	36—48	48—72
配种数（头）	16	23	13	8	4
受胎数（头）	13	23	6	4	0
受胎率（%）	81.25	100	46.2	50	0

第三节　猪人工授精技术

一、技术原理

猪人工授精技术是利用器具或徒手将公猪精液采集后经一系列的处理，再利用器具将精液输送到发情母猪的子宫内，以达到受孕的目的，这一过程称为人工授精。通过人工授精技术的应用，能提高优秀种公猪的利用率，减少疫病传播，降低成本。

二、具体方法

输精前必须先检查精子活力，低于0.7的精液坚决不用。

（1）输精的目标及标准是让精液自行吸入母猪体内，不倒流。

（2）将试情公猪赶至待配母猪栏前（1头试情公猪可对应5头发情母猪），使母猪在输精时与公猪有口、鼻接触，确保发情母猪静立。

（3）用纸巾擦净外阴（粘粪较多时用清水擦洗干净后用纸巾擦干）。

（4）将一次性输精管袋头包装撕开，露出输精管头，涂润滑剂。

（5）左手开张阴门，右手持一次性输精管插入阴道（斜向上方45°左右），当感觉有阻力时再稍用力，直到感觉其前端被子宫颈锁定为止（轻轻回拉有被锁定感觉）。

（6）从储存箱中取出精液，确认公猪精液品种、耳号。连接精液（袋、管、瓶）至输精管，抬高至垂直状态。轻轻挤压确保精液能流出。

（7）按摩乳房、外阴或压背，使精液自行流入母猪生殖道，一般3—5min输完，最快不低于3min。

（8）将输精管后段折起塞进输精瓶中，5min后拔出（图2—4）。

（9）登记配种记录，如实评分。

输精评分的目的在于如实记录输精时具体情况，便于以后在返情、失配或产仔少时查找原因，制定相应对策，在以后的工作中作出改进的措施，输精评分分两个方面3个等级。

站立发情：1分（差），2分（一些移动），3分（几乎没有移动）。

倒流程度：1分（严重倒流），2分（一些倒流），3分（几乎没有倒流）。

（10）2次输精间隔一般为8～12h。

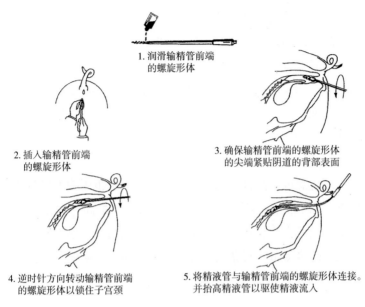

1. 润滑输精管前端的螺旋形体

2. 插入输精管前端的螺旋形体

3. 确保输精管前端的螺旋形体的尖端紧贴阴道的背部表面

4. 逆时针方向转动输精管前端的螺旋形体以锁住子宫颈

5. 将精液管与输精管前端的螺旋形体连接。并抬高精液管以驱使精液流入

图2-4 输精步骤

三、影响因素

猪人工授精技术在我国养猪业已被接受和推广应用，而不同猪场的使用效果却相差甚远，其影响因素主要表现为以下几点。

1. 人为因素

配种员是母猪情期受胎率和产仔数的重要影响因素，主要表现为通过对母猪发情观察，准确把握适时输精时间。每天早晚2次查情以外，早晚查栏及平时也要注意母猪发情表现，特别是后备母猪、空怀母猪（因发情周期不稳定，有些发情症状如黏液、爬跨反应，静立反应，还会出现在查情以外的任何时间）。进行适时配种输精。

2. 母猪因素

母猪膘情应保持在3.5分左右，这样其能发挥最佳的繁殖性能。及时发现繁殖障碍的母猪（如后备母猪发情周期紊乱，久配不孕，经产母猪子宫炎以及繁殖障碍性疾病），并进行针对性处理。

3. 环境温度

环境温度、品种、胎次等在一定程度上也影响人工授精的效果。母猪适宜的温度范围是17～25℃，最高一般不能超过32℃。温度太高，精子、卵子的受精时间缩短，早期胚胎容易死亡；温度太低，母猪会受冷应激的影响，均影响人工授精的效果。因此，母猪配种时温度要适宜，注意防暑降温或冬季保温。

4. 品种因素

一些产肉性能优秀的引进猪品种如杜洛克猪，长白猪和大白猪，具有生长发育快，饲料报酬高，瘦肉率高等特点，在中国的猪繁育体系中占据了主要地位，但与国内地方品种相比，部分引进品种的繁殖率较低，如杜洛克猪。

5. 胎次影响

目前，有关胎次对母猪繁殖性能影响的报道较多，但尚未获得一致结果。Schwarz等（2009）发现大白母猪的总产仔数和产活仔数随胎次递增并在第五胎达到高峰。沈君叶等（2012）对纯种大白猪、长白猪和杜洛克猪的8 491窝产仔数记录进行了统计分析，结果表明，胎次对总产仔数影响极显著

（P<0.01），其中，第1胎的总产仔数较低，第二至第六胎的繁殖性能最佳，从第七胎开始呈现下降趋势，而达11胎以上时则急剧下降。吴正常等（2012）对长白母猪不同胎次的繁殖性能进行了比较分析，结果表明，产仔数表现为第一胎最少，逐渐上升至第三胎开始稳定，并在第四胎达最高，从第五至第六胎开始略有下降。冯艳风等（2013）调查发现，大白母猪第三胎次时产仔数就达到高峰，产仔高峰可维持到第七胎次，之后逐渐下降，Gerardo等（2014）通过胎次对母猪主要繁殖指标的影响研究表明3~5胎总产仔数较高，3~4胎的产活仔数较多，且均显著高于其他胎次（P<0.05）。朱世平等（2014）通过胎次对杜洛克、长白和大白母猪繁殖性能的影响研究表明母猪1~4胎总产仔数，产活仔数和断奶仔猪数随胎次呈增加趋势，第四胎达到高峰，3~6胎性能较好，7胎之后繁殖性能迅速下降。

第四节　高效配种

现代化养猪生产为了提高劳动效率和生产水平，摈弃了传统的本交方式，而采用人工授精技术，与此同时，母猪配种前后的快乐程度也随之降低，对于繁殖性能造成不利影响。高效配种法是在应用人工授精技术基础上，采取更人性化的配种方式增加对母猪刺激，提升快乐程度，从而提高母猪的繁殖水平。关于高效配种主要概括有两方面意义：一是关心动物情感状态，促使体内生殖激素发育至最佳状态；二是提高配种繁殖成绩，顺应猪的生理特征，配种过程更安定，降低对生殖道的意外损害概率。

一、技术原理

使母猪在愉悦的状态中（有公猪口鼻接触，人工对母猪进行按摩）进行人工授精，促进卵泡生长、排放，从而有助于提高母猪繁殖成绩。

二、具体方法

在人工授精前进行刺激，母猪就会出现静立反射，为交配做准备。母猪会释放催产素进入血液中。血液中的催产素可以刺激母猪子宫颈的蠕动，促进精子从子宫进入输卵管。催产素的水平越高，子宫颈的蠕动越强，蠕动对分娩和妊娠同样重要。

按照公猪爬跨母猪的顺序，在配种前要进行5步刺激。公猪接近母猪，查看母猪是否发情时，先走到母猪前面，然后通过碰撞母猪发出声音，之后公猪往母猪的后面走，同时，用鼻子拱母猪的两侧，如果母猪此时在发情，公猪会做更多去刺激母猪。这就是公猪对母猪进行的刺激。

因此，工作人员在配种前必须要做5步动作。

第一步，用手或膝盖压母猪腹部两侧（相当于公猪用鼻子拱母猪的乳房和腹部）。

第二步，双手抓住并向上挤拉腹股沟部（相当于公猪用鼻子去拱母猪的腹股沟部，如果母猪出现发情，甚至可以看到公猪将母猪的后半部分拱起来）。

第三步，用手或膝盖按压母猪的阴户下方（相当于公猪拱母猪的阴户下方，公猪跳到母猪背上）。

　　第四步，双手交叉按压母猪的荐部（相当于公猪用前面的双肢按压母猪的荐部）。

　　第五步，骑背测试，母猪愿意让工作人员坐在它背上，并前后移动（公猪直接爬跨到母猪背上并将双肢按压在母猪的肩膀上）。在进行人工授精时我们可以将双脚按压母猪的乳房或者压在母猪肩膀。如无法骑背，可用夹背器卡在母猪后背胺部来替代（图2-5、图2-6）。

图2-5　配种时人员压背及辅助配种夹

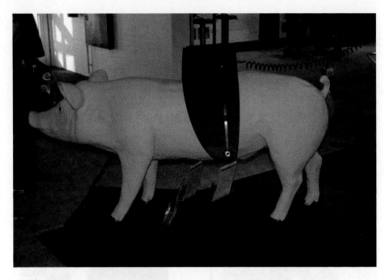

图2-6　近年来新开发的电动辅助配种器械

第五节　深部输精技术

一、技术原理

猪的子宫内人工输精（IUI），又称深部人工授精（DI），是利用特制的输精导管，将精子驻留于距母猪子宫颈15～20cm的子宫腔内的一种输精技术。通过子宫内人工授精技术或子宫角授精技术，可以用低于正常人工授精的剂量使母猪受孕；同时，因将公猪精液直接推送入母猪子宫体内，精子与卵子的结合距离缩短，可以有效防止精液倒流及精子在子宫颈等前端部分的大量损失，使母猪的受胎率和产仔数得到提高。

　　房国锋等根据输精的不同部位和方法将猪深部输精技术分为输卵管输精法（IOI）、子宫角输精法（DUI）、子宫体输精法（IUI）3种。本书仅介绍目前技术较成熟、操作较简便、使用较广泛、效果较确实的子宫体输精法。

　　子宫体输精法也称为子宫颈后人工输精（PCAI），是将输入的精液越过母猪子宫颈直接送达子宫颈后子宫体的一种输精方法。

　　二、具体方法

　　子宫体输精法的操作步骤如下。

　　母猪分组。在进行PCAI操作时，每人连续操作最好不要超过5头，5头母猪为一组，依次对1～5号母猪擦外阴，然后依次插外管、内管，最后返回开始输精。如图2-7所示。

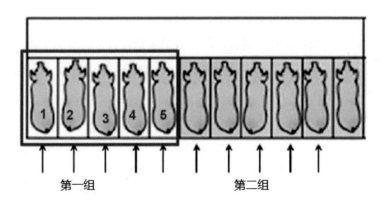

图2-7　母猪分组

1. 清洁外阴

所有母猪在配种前都需要清洁外阴。先用清水冲洗母猪外阴及周围，并用纸巾将母猪外阴擦拭干净，如图2-8所示。

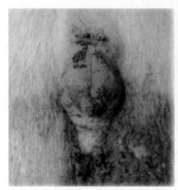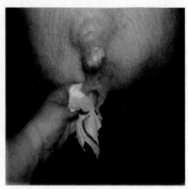

图2-8　清洁外阴

2. 插外管

撕开输精管包装袋前端，不得接触和污染输精管。插入外管前，将凝胶涂在外管泡沫段（有的输精管自带润滑剂不需要涂抹）。按常规方法将外管插入子宫颈皱褶处，使其锁紧，如图2-9所示。

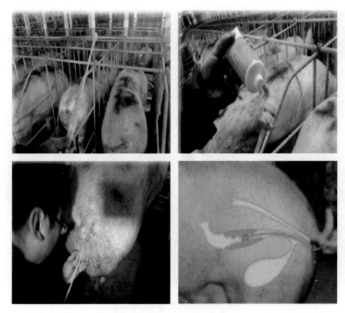

图2-9 外管插入步骤

3．插内管

外管刚锁定好时，子宫颈尚未松弛，此时内管不能完全插入，需要耐心等待1min以上，待子宫颈松弛时，再徐徐插入内管。有的母猪可能需要2min或更长的时间，切记不得粗暴插入内管，当遇阻力时马上停止等待，以免弄伤子宫内膜，如图2-10所示。

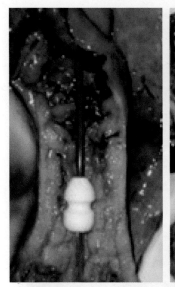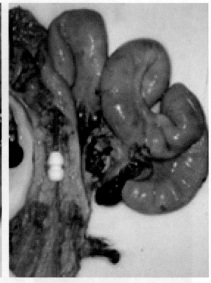

图2-10　内外管插入部位

4. 输精

内管插到位后，将一剂量的精液接在输精管上，用一只手将外管尾端向上微微弯曲，另一只手缓慢、持续地挤入精液。在挤入一半剂量时，停下来检查有无回流，如未回流，则将精液袋折起来，继续将剩余精液挤入。对部分暴躁不安的母猪，可以在几秒钟内迅速捏入精液完成输精，如图2-11和图2-12所示。

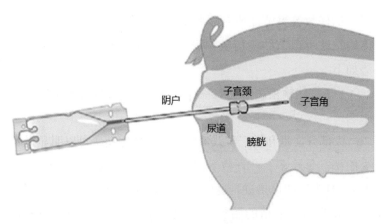

图2—11　输精

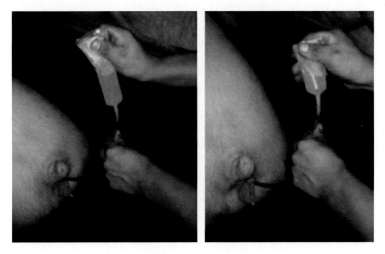

图2—12　人工输精

三、生产影响

作为一项相对较新的技术，子宫体输精法对受胎率、分娩率、产仔数等繁殖性能有哪些影响？对比常规输精法，子宫体输精法可以节约输精量和输精时间吗？这项技术的主要优势如下。

1.子宫体输精法对受胎率、分娩率、产仔数等繁殖性能的影响

大部分文献和生产实践证明，子宫体输精法可以明显提高受胎率、分娩率、产仔数等繁殖性能。姚德标等用80ml的精液对391头经产母猪进行适度深部输精和传统人工授精试验，结果表明深部输精的胎均总仔数、胎均活仔数分别为13.57头、12.62头，分别比传统输精组的12.13头、11.26头高出1.44头和1.36头。张腾等研究表明，与常规输精方式相比，深部输精方式的受胎率和分娩率可分别提高6.66%、5.00%，胎均总仔数、胎均健仔数可分别提高1.07头、1.15头。

根据2011-2012年上海浦东等地猪场的试验数据，分娩率水平提升较为明显（表2-5）。

表2-5　子宫体输精法对母猪繁殖影响

分组	配种数（头）	分娩数（头）	分娩率（%）	窝均总仔数（头）	窝均活仔数（头）
子宫体输精	363	337	92.8	11.79	9.54
正常受精	298	264	88.6	11.68	9.42

2.对比常规输精法，子宫体输精法可以节约输精量和输精时间

从文献数据及试验数据看，子宫体输精法的确可以节约输精量和输精时间。牛思凡等对78头经产大白母猪进行输精剂量

为60ml，有效精子数为25亿个以上的深部输精试验研究，结果表明，与常规输精相比，深部输精胎均总仔数提高1.01头。张伟等试验也表明，60ml的子宫深部输精技术与80ml的传统人工授精技术方式相比，窝均活仔数、窝均健仔数可分别提高1.31头、1.09头。2010年上海浦东猪场对比试验表明，低剂量（50%）的子宫体输精，分娩率、总仔数与常规输精法的繁殖成绩几乎一致（表2-6）。

表2-6 低剂量子宫体输精对母猪繁殖影响

试验组类别	配种数（头）	分娩数（头）	分娩率（%）	总产仔数（头）
常规输精	105	93	88.60	11.9
子宫内40亿组	25	23	92.00	11.78
子宫内20亿组	26	23	88.50	11.74

3. 子宫体输精法对比常规输精法的主要优势

子宫体输精法对比常规输精法的主要优势有4点。

（1）省时。内管插入到位后，不需要母猪自吸，可直接捏入，减少了对母猪的子宫损伤；也不需要公猪在输精时诱情，输精人员也不用刺激母猪。

（2）省精。因为减少了子宫颈及子宫体部位的消耗，每次输精量可减少1/3～1/2，一般只需要输精2次。

（3）多仔。统计显示，在部分猪场的试验中，子宫体输精可比普通输精方式每胎多产仔0.5头左右，尤其是针对普通输精技术一般的配种员，成绩提高明显。

（4）多胎。统计显示，在部分猪场，子宫体输精可比普通输精方式的分娩率提高3个百分点。

4.存在问题

任何一项技术都不可能是十全十美的，国内有少数猪场反映用子宫体输精法后有子宫内膜炎增多等现象。分析原因，这与操作者的熟练程度、认真程度直接相关。

第三章 母猪妊娠期管理

第一节 B超早期妊娠诊断技术

妊娠诊断技术是减少猪场非生产天数、提高母猪繁殖效率的一项重要手段。常见的母猪早期妊娠诊断方法有公猪试情、直肠检查、阴道检查、激素反应、尿液检查、血小板计数等，但这些方法往往存在误差大、操作烦琐、应激大等缺点。近10年来，代替以上诊断方法的诸多类型妊娠诊断仪器相继问世，具有安全省时、操作简便、准确率高的B型超声波测定技术越来越多地应用到母猪早期妊娠诊断中。

一、技术介绍

B型超声波扫描仪（B超）是利用超声换能器即探头经压电效应放射出高频超声波透入机体组织产生回声，回声又能被换能器接收变成高频电信号后传送给主机，在CPU控制下经放大处理于荧光屏上，显现出被探测部位的切面声像图的一种高科技影像诊断技术。现场测定当场即可冻结图像，并在屏幕上对图像进行及时的测量而得出活猪的背膘厚度。一般的B超仪器主要有主机、扇形探头、电源线三部分组成（图3-1）。

图3-1 市场上一便携式B超仪的主机和扇形探头

二、仪器技术要求

应用于母猪妊娠诊断的B型超声诊断仪器具有声像图实时、冻结、大小、亮度、灰度、对比度、增益度等图像调节参数，以及多级扫描深度、扫描角度、动态范围和基本信息输入等功能。配备2.5～7.5MHz扇形或凸阵探头。最大探测深度≥180mm；盲区≤8mm；横向几何精度≤20%；纵向几何精度≤10%。需要注意的是，日常使用时要防止主机和探头进水，保护好探头表面，防止赃物污染，防止磕碰，操作过程中，不要在开机状态下拔插探头，检测时将耦合剂涂擦在探头表面，以保证受检动物和探头有良好的接触。

三、不同配种日龄对母猪妊娠判定结果影响的研究

经上海市畜牧技术推广中心研究，母猪在配种后第19～21d进行B超诊断的妊娠诊断准确率在90%以下，在配种后第22d和23d的妊娠诊断准确率在90%～95%，而在配种24d后的妊娠诊断准确率在96%以上，随着配种日龄的增加，B超妊娠诊断准确率不断上升，直至在33d之后达到99%，甚至100%

（表3-1）。

表3-1　母猪不同配种日龄对判定结果的影响

配种日龄	总测定母猪数（头）	判定妊娠阳性数（头）	判定疑似数（头）	判定空怀数（头）	准确判定母猪妊娠数（头）	妊娠诊断准确率（%）
19	200	153	37	10	153	76.5
20	200	165	25	10	165	82.5
21	200	177	12	10	177	88.5
22	200	185	7	8	185	92.5
23	200	189	5	6	189	94.5
24—27	200	192	2	6	192	96
28—31	199	192	2	5	192	96.5
32	197	192	1	4	192	97.5
33	194	192	1	1	192	99
34—35	193	192	1	0	192	99.5
36—40	193	193	0	0	193	100

注：妊娠诊断准确率%=（准确判定母猪妊娠数/总测定母猪数）×100

　　陈兆英通过研究2 532头猪发现，81%的母猪可在配种21～50d后通过B超诊断出来。任庆海进一步缩小了这一范围，并表示在母猪配种22～35d进行B超检测准确性最高。冯现明研究发现，B型超声技术在母猪配种22d后诊断，准确率达100%。本研究表明，在母猪配种19d之后，B超就可以准确探测并确认一部分母猪是处于妊娠状态，在24d之后，准确率达到96%以上，并逐步上升。我们建议将母猪妊娠诊断时间定在配种后24～28d，即在母猪配种24d之后，未出现返情现象的母猪（母猪的发情周期为19～23d），可在配种24～28d开展妊娠诊断。对于极个别脂肪沉积厚或者受精数少的母猪，在配种24～28d未探测出明显胎囊的母猪，可进行第二次复诊，由于在配种30d之内，母猪受精卵的着床尚不稳定，容易受到疾病、应激等因素影响而导致流产，建议母猪早期妊娠诊断第二次复诊时间应放在配种后31～35d，且这段时间的孕囊已经发育较大，B超声像图十分明显。

四、妊娠诊断步骤

1.母猪处于定位栏内，不保定，姿势侧卧、站立

母猪不处于定位栏饲养时，使其靠近舍墙自然保定，待其安静时测定。记录待测母猪配种日期。用湿毛巾将母猪腹部擦拭干净。

2.打开B超仪开关，待机器自检正常后，调节屏幕声像图参数到最佳状态

在B超仪探头部位涂抹耦合剂（确保探头和母猪皮肤接触的地方没有间隙）（图3-2）。

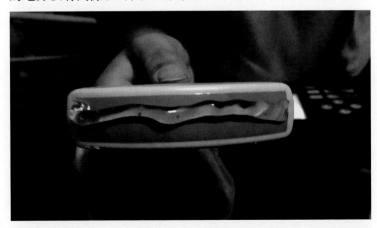

图3-2　涂抹耦合剂

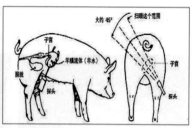

图3-3 测定部位

3. 检查时紧贴皮肤

调整B超仪灰度、对比度、增益度以及远场、近场等声像图质量信号强度，以获得最合适声像图。检查时，首先朝向母猪的泌尿生殖道进行滑动扫查或扇形扫查，探查到膀胱后，再向膀胱的上部或者侧部扫查，获得清晰的声像图时立即按下冻结按钮，冻结声像图。

4. 首次检查最佳时间

选择为母猪配种后第24～28d，对于疑似受孕和未受孕的母猪，须在母猪配种后第31～35d再次检查，直至确诊妊娠与否。检查部位为母猪腹部后肋部内侧或倒数第二至第三乳头基线之间至腹部3cm处（图3-3）。首次探测时，探头朝向耻骨前缘，骨盆腔入口方向，以45°斜向对侧上方；随着母猪妊娠日龄的增长，胎囊位置稍微前移，探测部位相应前移。同一头猪平行诊断两次，疑似未孕母猪需要两侧探查。

五、结果判定

1. 妊娠阳性

在子宫切面看到有1个或数个大小不一、不规则圆形的胎囊暗区（图3—4至图3—7），其大小随着妊娠期的延长而增大，即判定为妊娠阳性。

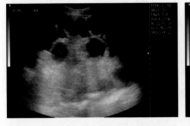

图3—4　母猪妊娠24d　　　　图3—5　母猪妊娠28d

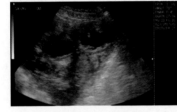 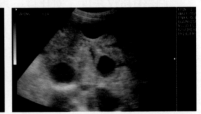

图3—6　母猪妊娠32d　　　　图3—7　母猪妊娠35d

2.疑似妊娠

若切面显示有暗区，但呈现皱褶、扁平（多为肠道）等非胎囊形状（图3—8），即判定为疑似妊娠。留待配种后第31～35d时予以复诊。

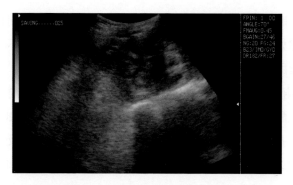

图3—8 母猪配种25d疑似未妊娠

3. 妊娠阴性（假孕）

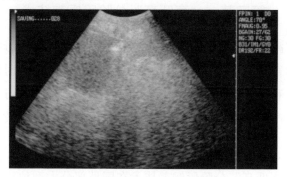

图3—9 母猪配种35d妊娠阴性（假孕）

　　B超仪24～28d、31～35d的声像图均探查不到胚囊或者孕体，即判定为母猪假孕若切面未见胎囊暗区（图3—9），即判定为妊娠阴性（假孕）。

　　4. 妊娠中后期

　　妊娠中期（40～60d）随着孕囊发育，孕囊形状变得不规则，呈现的图像反而不如之前清晰。妊娠后期（70d以后），随着胚胎的发育，已经不再有黑色孕囊。仔猪的骨骼明显，判断母猪妊娠的依据主要是在B超图像上可以看到分布不均，断断续续的锯齿状虚线，为仔猪的脊柱。

B超仅是判断妊娠与否的手段之一，实际生产中要注意每天查看配种母猪的外观表现，重点关注配种后21d和42d左右的返情检查，可以在B超孕检之前及时发现无胎母猪，及早的再次配种，才能最大限度地降低非生产天数，节约饲料和管理的成本。

第二节 "高低高"分阶段饲养技术

"高低高"分阶段饲养技术主要是针对怀孕期间母猪的饲喂量而言的，其目的就是希望能够在母猪不同的怀孕时期，保证母猪和仔猪生长发育所必须的能量需求，从而提高母猪的产仔数、产活仔数、出生重，提高母猪的利用率和经济效益。

一、技术来源

"高低高"分阶段饲养技术在国外部分大型种猪公司中有广泛的应用，2012—2013年，法国ADN公司产活仔数达15.5头，出生重达1.5～1.7kg。同期，上海农场光明种猪场从法国ADN公司引回法系种猪300头，采用国内传统饲喂模式，总产仔数为14.2头，活仔数为13头，死胎、木乃伊和畸形头数1.2头，出生重1.21kg。对比发现，法国ADN公司在死胎数和木乃伊数比在国内高出3.1头，出生重多出0.1～0.3kg，断奶窝均活仔数高2.8头。鉴于以上情况，经比较分析，发现妊娠阶段的喂料量，上海农场光明种猪场和法国AND公司存在的最主要的区别。

二、"高低高"分阶段饲养技术应用效果研究

研究表明，"高低高"分阶段饲养方式总产仔数显著高于常规饲养方式（表3-2）。虽然相关技术研究还不多，但从初步结果来看，该技术可作为一项有效提高妊娠期母猪生产水平的技术，值得进行研究和推广。

表3-2　两种饲喂方式与产仔数间关系

组　　别	总仔（头）	活仔（头）
常规饲养方式	9.09 ± 3.67^a	7.20 ± 4.63
"高低高"分阶段饲养方式	10.69 ± 2.92^b	8.41 ± 4.92

备注：同列上标小写字母不同表示差异显著（P<0.05）

三、"高低高"分阶段饲养技术具体方法

为更好地促进母猪妊娠期的保胎和胎儿发育，有效增加仔猪出生重、减少木乃伊和死胎的营养调控方式方法，简化喂料程序，拟制定法系猪妊娠期"高低高"分阶段饲养技术，常规饲养和"高低高"分阶段饲养技术方案，见表3-3。

表3-3　妊娠期母猪常规和"高低高"分阶段饲养技术方案

	天数	0-28	29-60	61-84	85-95	96-110
常规饲养技术	喂料量（kg）	1.8	2.3	2.5	2.5	3.75~4
	料型	前期	前期	前期	哺料	哺料

（续表）

天数		0—28	29—60	61—84	85—95	96—110
"高低高"分阶段饲养技术	天数	0—28	29—84		85—110	
	喂料量（kg）	2.8	2.5		3.5—4	
	料型	前期	前期	前期	哺料	哺料

第三节　妊娠期体况检查和膘情调控技术

一般认为，母猪妊娠期过肥（即分娩前背膘厚度大于22mm）时对产仔和泌乳会造成不利影响，母猪妊娠期或断奶时过瘦（即背膘低于15mm），则可能会引起母猪断奶后发情延迟或不发情。因此，在整个妊娠期内，使母猪保持适宜的体况是保证其繁殖性能发挥的重要手段。这就要求在妊娠期根据母猪的体况调整喂料量，依靠调节喂料量的高低对母猪体况进行调控。

一、体况评分的优缺点

目前，国内养猪场大多数采用人为目测，以膘情评分法来估测。郭金彪（2002）等按膘情将初产母猪分为上、中、下三等，统计发现，母猪在第二胎配种时以中等膘情为优。季海峰（1997）等通过目测法将母猪分为6个等级，研究表明，偏瘦型（2级）和理想型（3级）为生产中较理想膘情。不过，体况评分并不能准确反映母猪的背膘水平，不同的人对同一头猪的评分出入很大，甚至同一评分人员在不同的时间对同一头猪评分也不尽相同。也就是说依靠目测的方法进行简单评分，对母猪膘情的掌握存在着很大的误差。美国大豆协会的Don H Bushman（2005）通过对比加拿大3个规模化猪场的视觉体况评分系统，发现传统的体况评分主观性强，存在严重的误差。因此，用膘情评分来指导母猪饲喂量调节的方法，存在着较多的差异，最终并不能够准确地将妊娠母猪的背膘调整到合适的水平。

二、母猪妊娠期适宜膘情相关研究

表3-4 各胎次最佳背膘范围及中位数值（mm）

各指标		初产	二胎次	三胎次	四胎次	五胎次	六胎次及以上
窝产仔数	最佳背膘范围	13~14	13~15	11、13~16	13~16	13~16	12~16
	中位数	13.5	14	13.8	14.5	14.5	14
窝产活仔	最佳背膘范围	11~14	13~15	13~16	13~15	13~14	13~16
	中位数	12.5	14	14.5	14	13.5	14.5
窝均只重	最佳背膘范围	13~16	12~15	12~15	14~16	13~16	14~15
	中位数	14.5	13.5	13.5	15	13.5	14.5
弱仔率	最佳背膘范围	14~16	11~17	13~14、17	12~17	12~16	13~16
	中位数	15	13.5	14.7	14.5	14	14.5
中位数平均值		13.875	13.75	14.125	14.5	13.875	14.375

为研究母猪膘情与繁殖性能的关系，上海市畜牧技术推广中心在2012—2013年对上海祥欣畜禽有限公司1 386头美系大约克猪进行研究，于临产前（妊娠期结束）1~2d进行背膘P2点

测定。结果表明，各胎次母猪产前最佳背膘范围中位数平均值均处于13.75~14.5mm（表3-4，图3-10），其中，初产和二胎次基本持平，3~4胎次中位数平均值有上升趋势（第四胎次最高，为14.5mm），第五胎次略有下降，第六胎次及以上又恢复上升。在国内，李晓霞等通过研究PIC母猪3年的繁殖生产数据发现，胎次和配种季节对PIC母猪繁殖性能均有显著影响（P<0.05）；母猪1~3胎繁殖性能随胎次呈增加趋势，第三胎达到高峰，第六胎后繁殖性能逐渐下降。王继英（2006）研究发现，大约克母猪1~7胎繁殖性状呈现先升高后降低的趋势，随着哺乳期的延长母猪断奶再发情间隔先减少后增加。同时，有学者研究表明，不同胎次的母猪其膘情也不同，张守全等（2005）统计长白、大白种猪不同胎次配种时的背膘，发现背膘厚度随胎次的增加呈下降趋势，且第三至第六胎母猪背膘厚度下降的幅度不大，第七胎之后背膘厚度呈快速下降趋势。

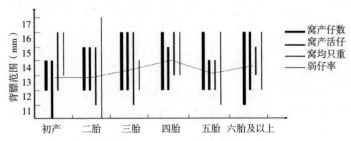

图3-10　产仔性能各指标最佳背膘范围在各胎次上的分布

三、母猪膘情测定方法

1. P2点的位置

把手指在肋部移动，找到最后一根肋骨，距离背中线6.5cm处。判断母猪体况的通用标准是P2点背膘（图3-11）。

图3-11 母猪体况测定点——P2点示意图

2. 测定方法

（1）测定仪器。一般采用A超仪器测定即可（图3-12）。

图3-12 市场上一款A超仪器

（2）猪保定。对测定猪可用铁栏限位或用猪保定器套嘴保定，让猪自然安静站立，铁栏限位可适当喂些精料，使其保持安静，测定时避免猪弓背或塌腰而使测量数据出现偏差。

（3）操作程序。涂上耦合剂（或植物油）→将探头及探头模置于测量位置上，使探头模与猪背密接→观察并调节屏幕影响，获得理想影像时即冻结影像→测量背膘厚，并加说明资料（如测量时间、猪号、性别等）→影像存储处理。因探头测量面为直线平面，而猪背测量处为不规则弧面，为使探头和猪背密接，便于超声波通过，其间需有介物连接，此处专用B超耦合剂或者植物油作为中间介物即可。

（4）数据测定。背膘厚度测定：在超声影像中：a点为测量模与皮肤界面的超声反射光点。b点为脂间筋膜反射光点。c点为眼肌肌膜反射光点。测量光点a与光点c间的距离即为猪背膘厚度（图3—13）。

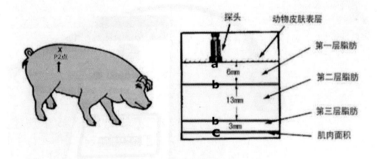

图3—13 测定背膘厚度示意图

（5）测定注意事项。

测量时探头、探头模及被测部位应紧密，但不要重压；探头直线平面与猪背正中线纵轴面垂直，不可斜切；在识别影像时，要确定皮肤界面、脂间结缔组织和背最长肌肌膜所产生的3条或4条强回声影带（图3-14）。

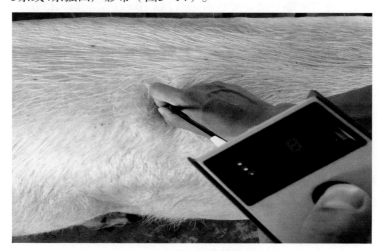

图3-14 测定背膘厚度

（6）测定记录表格。测量完毕后做好数据记录（表3-5）。

表3-5 妊娠期背膘测定记录表

棚 排

序号	品种	耳号	胎次	预产期	妊娠期背膘				产程		产仔数			出生重	断奶重	备注
					30d	90d	98d	105d	开始时间	结束时间	总仔	健仔	死胎／木乃伊			

（续表）

序号	品种	耳号	胎次	预产期	妊娠期背膘				产程		产仔数			出生重	断奶重	备注
					30d	90d	98d	105d	开始时间	结束时间	总仔	健仔	死胎／木乃伊			

四、母猪膘情调控方案

（1）妊娠期母猪背膘测定时间为30d、90d、98d、105d，四个测定时间点。

（2）根据P2点背膘的实际厚度决定妊娠期的饲喂量。

（3）根据母猪品系和测定时间不同进行调节。例如，对于法系母猪来说，30d前如果背膘在14mm以下，则需要在30—90d对母猪饲喂量进行调整，至少增加1kg/d，P2>18mm的母猪，适当减料。妊娠90d时，如果P2<16mm，适当增加饲喂量，P2>18mm，则适当减料，但不应低于2.5kg/d。之后，在妊娠98d、105d再次测量P2背膘，喂料量调整方法与90d时相同。

第四节　妊娠舍妊娠后期复检技术

在正常情况下，配种后21d左右不再发情的母猪即可确定为妊娠。但实际生产过程中，妊娠舍中后期由于各种原因，仍有可能存在空怀母猪，需要在妊娠期及时进行复检。

一、妊娠中后期进行妊娠检查的原因

（1）卵巢囊肿的超声影像与孕囊类似，会引起母猪孕检误判，妊娠后期也会出现母猪腹部膨大，误以为有胎却不产仔。

（2）母猪返情未被发现。

（3）疾病、营养或机械应激、内分泌紊乱、高温高热等不良环境等因素造成的妊娠后期胎儿死亡。

（4）刚刚流脓或流产2d以内的母猪，使用B超孕检时会误判。

（5）流脓或流产未被观察到，出现不规则返情。

（6）霉变饲料引起母猪阴户红肿，疑似返情。

（7）胚胎较少的的母猪尤其是后备猪，在妊娠后期，腹围隆起不大，生理变化小，与其他猪相比，缺少明显的外观特征，在群体中十分可疑。

因此，妊娠舍在妊娠后期，对母猪妊娠情况的仍需要注意监测。

二、具体方法

主要通过观察法和超声波检查法来进行分辨。

1. 观察法

观察发情是检查空怀母猪最直接的方法。妊娠60d以后，

随着乳腺的发育，母猪的乳头变得暗红，向外扩张，乳房逐渐饱满。胎儿在体内生长加快也使母猪的腹部也一天比一天膨大起来了。妊娠70d后手按摩腹部能触摸到胎动，80d后母猪侧卧时即可看到母猪腹壁的胎动，腹围显著增大，乳头变粗，乳房隆起则为母猪已受胎。妊娠90d至分娩前，母猪的外阴也开始变红，充血，腹围明显，乳房饱满圆润（图3—15）。

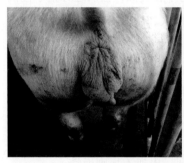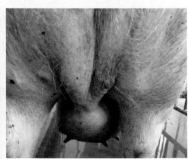

图3—15　母猪妊娠90d的表现

2. 超声波检查法

妊娠30d时通过B超可以得到十分清晰的孕囊图像来进行妊娠诊断。妊娠40～60d时，孕囊的发育使得到的图像变得不规则，但是仍然可以通过图像间断的黑色区域进行妊娠的判断。60d以后随着胎体的发育和器官分化，不再有孕囊的图像。但胚胎骨骼明显，图像上可见间断的锯齿状虚线，为仔猪的脊椎和肋骨。所以，妊娠后期应该通过逐渐清晰的胎体骨骼影像来判断是否怀孕。妊娠末期90d以后，胎儿迅速的成长，骨骼发育完善，对超声波的反射增强。从图像上来看骨骼迅速增大，亮度逐渐增强，显示得更加明显，能够十分清晰地分辨出胎儿的脊椎、肋骨及胸腔（图3—16）。

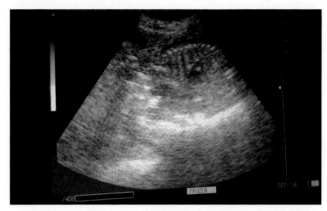

图3—16　母猪妊娠105d的表现

第四章 母猪产房生产管理

第一节 诱导分娩技术

一、诱导分娩的意义

正常情况下猪的产仔可以发生于任何时间，妊娠期的长短在个体之间也有一定的差别，因此，如果不进行产仔调控，则监护产仔的人工费用可能十分昂贵，甚至难以安排。控制产仔除了可以减少分娩期间仔猪的死亡外，养猪场的集中产仔还可使日常管理也更加简单集中，也可减少断奶时仔猪年龄的差别，避免周末及节假日产仔，减少这些时段昂贵的劳动力需要，还可便于进行动物健康管理，例如，产仔母猪的清洗、棚圈的消毒等，通过同期产仔可以使仔猪更加均一。牛和绵羊在妊娠后期可以采用合成的糖皮质激素诱导分娩，但猪一直到妊娠100d才能对这种激素发生反应，而且只能采用较大的剂量连续注射才能诱导分娩。糖皮质激素处理在终止黄体功能上的作用可能不是直接的，而是通过刺激前列腺素的合成和释放而发挥作用。

二、催产素诱导分娩

在采用前列腺素诱导分娩之前，人们一直采用催产素进行诱导分娩，但这种激素诱导分娩的时间仅限于分娩开始前的数小时。采用催产素诱导分娩一般在乳房中已有乳汁时才有效果。另外，一些平滑肌刺激药物，例如，乙酰胆碱、毛果芸香碱、毒扁豆碱及相关的一些药物也可用于诱导猪的分娩，主要作用与催产素相似。

三、应用前列腺素诱导分娩

许多研究表明，如果在妊娠足月前几天1次肌内注射PGF2α就可以有效诱导猪的分娩；前列腺素类似物，如氯前烯醇效果更好。对前列腺素诱导前后和正常分娩前后母体血浆松弛素、孕酮和雌激素浓度的变化进行比较发现，两者之间没有任何明显差别。自然分娩时，青年母猪的松弛素具有双相波峰，最高峰出现在产前12h和28h，注射前列腺素后可使松弛素立即升高，孕酮下降。

前列腺素处理的时间。在妊娠的110～113d注射前列腺素效果最好，在生产实际中采用前列腺素进行猪的诱导分娩时，应该清楚猪的预产期，应有准确的配种记录，为预处理的猪选择适宜的时间。

前列腺素的作用。母猪注射PGF2α之后引起血浆孕酮浓度立即下降，黄体溶解。PG能引起松弛素的释放，其浓度在注射后45min明显升高。注射前列腺素诱导分娩时，如果处理的时间适宜，对仔猪的健康没有明显影响，分娩过程和产奶均不会受到明显影响。但是在妊娠110d注射前列腺素诱导分娩时，仔猪的体重及生存能力可能比111～112d诱导分娩的仔猪较轻及较低。显然，如果在预产期之间数天诱导分娩，则仔猪可能比正常小，越接近正常分娩时间诱导分娩，仔猪生存的可能性就越大。

诱导产仔后的产仔间隔。前列腺素的种类影响注射前列腺素后产仔的间隔时间。如果采用天然PGF2α，从用药到产仔的间隔时间平均为29h，但也有报道为24～27h，有时甚至个别母猪对前列腺素处理没有反应。合成的前列腺素处理之后母猪的反应则比较均一，一般在处理后24～28h开始产仔。氯前列烯醇处理之后的产仔高峰是在26h，95%的猪在注射后36h产仔，而86%的猪则是在注射后18～36h产仔。

PGF2α及其类似物结果的比较。对天然前列腺素和类似物氯前列烯醇的诱导分娩结果进行的比较表明，前列腺素及其类似物在正常分娩前两天注射其效果都比较可靠，但也有研究表明，在妊娠110d、111d和112d采用天然前列腺素和类似物处理时，接受类似物处理的猪都能在48h内发生分娩，而天然前列腺素在110d处理时在48h内反应的猪只有29%，111d处理时为70%，12d处理时为100%，说明药物处理与妊娠期之间有密切关系。

前列腺素处理的副作用。使用天然PGF2α后，有时猪可出现不安，呼吸频率增加，流涎、排粪、尿增多等，但在采用合成前列腺素后这些副作用不太明显或者消失。其主要原因可能是天然PGF2α使平滑肌活动的增加很大所致，虽然这些副作用不影响引产的效果，但对这些作用应有所了解。猪对肌内注射和静脉注射氯前列烯醇后的反应没有多少差别，因此，在生产中多采用肌内注射的方法。

猪的产仔过程通常持续4~6h，前列腺素处理对该过程的长度没有明显影响。由于在产仔的最后1/3阶段死产的发生率增加，因此，如果能加快分娩过程，则在生产实践中具有重要意义。

第二节　分娩接产技术

一、判断分娩

（1）阴户红肿，频频排尿。

（2）坐立不安，拱栏，食欲下降。

（3）乳房有光泽、两侧乳房外胀，用手挤压有乳汁排出，初乳出现后12~24h分娩；奶水直喷，6h内分娩。

（4）阴道口有黏液或潮湿。

（5）产前母猪尾巴翘起。

二、接产

接产过程见图4-1。

　　　分娩　　　　　　　　擦拭鼻液　　　　　　使用接生粉

图4-1　接产过程

（1）产房分娩期间饲养员24h不能离岗，吃饭时轮流换班。

（2）仔猪出生后，立即将口鼻黏液擦净，用抹布将猪体抹干，断脐并用碘伏消毒后放入准备好的保温箱内。

（3）断脐要求。断脐前要把脐带内的血液往仔猪腹部方向挤压3次，在距腹部3～4cm处将脐带挫断，如有出血可在挫断处捏紧5s，流血严重的可用线结扎，不流血后用碘伏消毒，把仔猪放入保温箱中（箱内温度≥30℃）。

（4）假死仔猪处理。擦净口鼻黏液后，一手抓颈部，一手抓臀部，向内侧做节律性屈伸或将仔猪倒提有节奏的拍打胸腹部，反复5～6次。

（5）仔猪吃初乳前，用0.1%的高锰酸钾水将乳房和臀部擦干净，再将每个乳头的最初几滴奶挤掉。

（6）剪牙。吃初乳前剪牙（剪牙钳清洁无缺口、无铁锈），并用碘伏消毒，剪去仔猪口腔两侧犬牙。剪牙要平、齐、无裂，避免靠近牙根，以防剪到牙龈。

（7）断尾。断尾和剪牙可同时进行，用电烙铁式断尾器断尾，在距尾根部3cm处剪断，用碘伏浸泡3s消毒。

（8）固定乳头。初生重小的放在前，大的在后。

（9）有羊水排出、母猪强力分娩1h还不见仔猪产出或产仔间隔超过1h的，可视为难产，要立即采取措施。

三、助产、难产处理技术

（1）超过预产期两天还挤不到奶水或有难产史的母猪，肌内注射0.2g氯前列烯醇或律胎素1ml。

（2）母猪子宫收缩无力或产仔间隔超过1h或胎衣未排尽者，可注射缩宫素30万～50万IU。

（3）原则上不进行人工助产，减少难产发生比例；是否需要人工助产，由技术人员现场确定。

（4）注射缩宫素仍无效或由于胎儿过大、胎位不正、骨盆狭窄等原因造成难产的，应人工助产。助产人员确保手上指甲剪平，助产前用0.1%的高锰酸钾水清洗母猪外阴部及助产者手臂，助产者手臂抹上碘伏和肥皂，随着子宫收缩节律缓慢伸入阴道内，手掌心向上，五指并拢，抓仔猪的两后腿或下颌部；母猪子宫扩张时，开始向外拉仔猪，收缩时停下，动作要轻；拉出仔猪后应帮助仔猪呼吸。

（5）人工助产的母猪要有台账记录，注明难产原因，并每隔12h肌注抗生素（青链霉素400万IU+100万IU），连续3次，并向阴道内推入消炎药物，以防发生子宫炎、阴道炎。

四、母猪、仔猪产后护理技术

1. 母猪

产前产后7天根据季节和生产阶段情况，选择性添加金霉素、阿莫西林、强力霉素、磺胺、纽弗罗、酸制剂等，使用常规添加量，"一杯法"饲喂；产后母猪：鱼腥草2支+青霉素800万IU+链霉素160万IU，产后7天饲喂益母草正常每头猪60g及其他排恶露药物，直至恶露排放干净。

2. 仔猪

（1）初乳管理。初乳是指自母猪开始分娩起24h内所分泌的乳汁，24h以后所分泌的乳汁称为"常乳"。初乳中富含免疫球蛋白（尤其是IgG）、易消化的养分、乳清蛋白、总蛋白、自然生长因子等，与常乳的成分差异较大且会在数小时内

快速变化并逐渐接近常乳。仔猪初乳的摄入量对于仔猪的健康
状况至关重要。

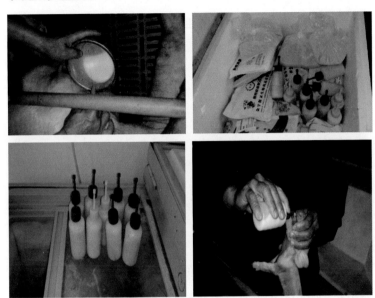

图4-2 初乳的收集、冷藏、冷冻和饲喂

收集初乳（图4-2），选择乳房发育良好的母猪，刚分娩
1~2头小猪时挤奶，先用1%高锰酸钾水清洗母猪乳房，清洗
后挤掉每个乳头的第一滴奶，选择母猪前4个乳头挤奶，分娩
超过6h的母猪不再挤奶。

饲喂初乳，收集的初乳可以直接对弱仔猪进行灌服，并且
特别对后出生的3~4头仔猪轮流人工灌服采集的初乳，保证每
头仔猪都采食3~4次的初乳（不需要管每次灌服的量是多是
少，直到仔猪喝不下为止）。

保存初乳，刚收集的初乳随时放入冷藏箱保存，冷藏一

般能够保存48h，也可以放入冷冻冰箱中，冷冻一般能够保存6～8个月。需要饲喂时拿出放入37℃水浴锅中预热后进行灌服。

表4-1　仔猪出生至转出死亡分析

日龄棚舍	1	2	3	4	5~10	10~15	15~20	20至转出	合计
对照组 6-1	2	4	7	1	2	1	0	2	19
6-7	1	5	5	2	0	1	1	2	17
6-9	0	6	8	1	1	0	1	1	18
试验组 6-2	2	1	2	0	1	1	1	1	9
6-8	1	2	1	1	0	2	1	0	8
6-10	2	2	3	0	1	1	1	0	10
合计	8	20	26	5	5	6	4	7	81

注：包含0.7-0.8kg的仔猪

为了保证死亡的误差率小，产房有三户饲养员，每户挑选一个单元为对照组，表4-1对照组是没有饲喂初乳的棚舍，试验组是饲喂初乳的棚舍，从表4-1可以看出仔猪出生前3d的死亡占了总死亡的67%（主要死亡在弱仔、压死和饿死），后期死亡主要是其他疾病、腿肿和僵猪处理。

表4-2　仔猪出生至转群死亡比率和转群重

初生重（kg）	不喂初乳的死亡率（%）	25d转群重（kg）	饲喂初乳的死亡率（%）	25d转群重（kg）
0.5~0.7	40~60	3~4	20~30	3.5~4.5
0.8~1	10~18	4~6.5	6~10	4.5~6.8

从表4-2可以看出，初乳可以提高弱仔猪的成活率和转群重，但是在饲喂初乳的同时，还要选择奶水好的2～4胎的母猪

带奶。

从表4-3可看出初乳不但可治疗腹泻，而且疗程短效果好，还可以降低僵猪比率，并且还节约了药费。

表4-3　初乳治疗腹泻的效果

棚舍	腹泻头数	初生重（kg）	治疗药物	治疗天数（d）	死亡数（头）	僵猪比率（%）	25d转群重（kg）
6~1	13	1.35	四季肠	1.5	1	23	7.26
6~9	11	1.36	四季肠	1.5	0	18	7.14
6~8	12	1.37	初乳	1	0	8.3	7.56
6~10	11	1.35	初乳	1	0	9	7.38

（2）常规管理。出生后3d内注射铁剂补铁，3日龄口服百球清1ml，预防等孢球虫；公猪3~5日龄去势，去势要彻底，切口1cm以内，倾斜30°，术前、术后使用碘伏消毒。14d以及21d可使用头孢保健，每次0.2~0.5ml/头，仔猪断奶前后3d，在饲料或饮水中添加抗生素和抗应激药物，如阿莫西林、强力霉素、多维等。仔猪7d时，每头猪6g教槽料，用温水泡开，每头仔猪强制性饲喂饲料，每天2次，连续3d（图4-3）。

补铁

灌服百球清

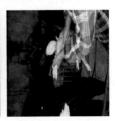
去势

图4-3　仔猪常规管理

五、寄养技术

（1）确保寄养的仔猪寄出前吃到初乳。

（2）挑选体况良好，膘情适中，有效乳头数11个以上，乳头的长度和纤细度也要适中，性格温顺愿意带仔的母猪，以防咬仔或不肯放奶。

（3）候选母猪的优先顺序，优先选2～3胎，其次再考虑4胎，把需要带奶的仔猪调到保温箱里，可以选择接生粉或将带奶母猪尿液喷洒到调入仔猪身上，混淆气味，30min后放出让仔猪吃奶，并留意母猪的行为。

（4）不要把腹泻仔猪与健康仔猪混合，按从大到小的顺序寄养：大+大、大+中、中+中、中+小、小+小等并栏寄养。

（5）确保仔猪头数与有效奶头数一致，将小的仔猪寄给二胎或三胎乳头较小的母猪寄养，将大的仔猪给初胎母猪带，带仔猪头数不能低于12头，以促进初胎母猪乳头发育，一窝余下的仔猪在大小相当的情况下，仔猪尽量不寄养。

（6）中间带奶母猪的方法，将断奶母猪带7～14日龄仔猪，7~14日龄母猪带刚出生仔猪（将最大的仔猪寄养给这头母猪）可以确保母猪不会因为带奶时间过长，而造成发情不好。

六、哺乳期合理饲喂技术

（1）饲养员不得擅自离岗，产猪期间至产后 1 周内每天24h在岗。

（2）哺乳母猪的饲喂。饲喂哺乳料，产后第一顿不喂，产后5d开始喂 3 顿（表4-4）。

表4-4 哺乳期母猪喂料标准 （3.5周断奶模式）

第一周	产后日龄（d）	1	2	3	4	5	6	7
	喂料量（kg/d）	2	2	2	2.5	2.75	3.5	4.25
第二周	产后日龄（d）	8	9	10	11	12	13	14
	喂料量（kg/d）	5	5	5	5.5	6	6.5	7
第三周	产后日龄（d）	15	16	17	18	19	20	21
	喂料量（kg/d）	>7	>7	>7	>7	>7	>7	>7
第四周	产后日龄（d）	22	23	24	25			
	喂料量（kg/d）	>7	7	6	6			

注：把握4个关键点：a.产后14d，日饲喂量在7kg/d以上；b、饲料缓慢增加，要根据母猪体况均匀投喂，以上标准是平均数；若母猪不愿站立吃料时，应驱赶母猪并仔细观察；c.断奶前3d适当控料，清晨空腹断奶，早上不喂；d、哺乳期母猪采食量与仔猪断奶重成正比

七、哺乳期体况检查和膘情调控技术

1. 母猪体况检查

（1）很瘦。肋骨和脊柱过于突出；尾巴周围有深凹；骨盆明显能看见。

（2）瘦。无需掌压即可容易触摸到肋骨和脊柱；尾巴周围有浅凹；骨盆可看见。

（3）好。需掌压才能触摸到肋骨和脊柱；尾巴没有凹；骨盆看不见，需用力摸。

（4）偏肥。无法触摸到肋骨和脊柱；尾巴周围没有凹；有脂肪层，骨盆要用大力按。

（5）很肥。肋骨和脊柱被过厚脂肪覆盖；尾巴周围的凹区看不见；骨盆很难摸到。

2.母猪膘情调控

（1）根据不同膘情制定不同的饲喂方案，好的喂料计划应考虑全群母猪膘情的均衡，区别对待。

（2）给料原则。"喂料必须根据母猪膘情"，饲喂量应根据母猪体况、胎龄、带仔头数等考虑个体不同的需要。

（3）饲喂时准确掌握饲喂量。每天统计各栋舍不同阶段猪只的饲料使用量，掌握猪只采食量。

（4）猪群要定期进行膘情评定。根据膘情及时调整饲喂量，达到合适膘情。具体做法如下。

① 定期对猪群进行评分：并挂不同颜色卡。

② 母猪卡片注明饲料量：及时调整饲喂量，改进膘情。

③ 适当调整饲料配方：如哺乳料增加1%~2%植物油或脂肪粉或1%~5%膨化大豆。

④ 头胎母猪要适当提前断奶：无种用价值的母猪及时淘汰。

第五章 经产母猪的生产管理

第一节 经产母猪膘情调控技术

高产的母猪需要在妊娠期细心的控制体重和背膘变化，使母猪在哺乳期有高的采食量和最小的体重损失，缩短断奶到再次配种的间隔时间。妊娠期过量的饲喂会导致哺乳期食欲减退。结果会使母体组织、脂肪和瘦肉损失增加。所以，母猪的体能储备是影响其繁殖潜能发挥的重要因素。当体能储备失当时，母猪的繁殖性能会下降；当体能储备适当时，母猪会表现出良好的繁殖性能，猪场就会获得好的经济效益。

膘情是母猪机体体况的一个重要指标，它反映的是母猪在不同生理阶段的营养状况和体能储备。母猪的膘情测定方法主要有两种，一种是目测体况评分法；另一种是超声波背膘测定仪测定法。

一、目测体况评分法

在生产中人们通常用目测体况评分法对母猪的体况进行评估，这是一种相对较为粗犷但又比较实用的方法。该法主要是由有丰富经验的专业生产管理技术人员通过肉眼观察母猪尾根部、臀部、脊柱和肋骨等部位的脂肪存积量与肋部丰满程度，能较为准确地判断出母猪的营养状况，估计出母猪体况（表-1，图5-1）。

表5-1　母猪体况评分标准

体型分数	体型	眼观标准	髋骨位置（mm）	外观形态
1	过瘦型	容易看到脊椎骨，肩胛骨突出，尾根两侧凹陷明显	小于15	露出骨骼
2	瘦型	脊椎骨略微突出，能摸到肩胛骨和盆骨，尾根凹陷突出	15～7	倒锥形
3	标准体型	手能摸到肩胛骨和脊椎骨，盆骨用很大的力才能摸到	17～20	椭圆形
4	肥胖型	用力按压才能摸到盆骨和肩胛骨	20～22	基本圆形
5	过肥型	用力按压不到，臀部丰满	大于22	圆形

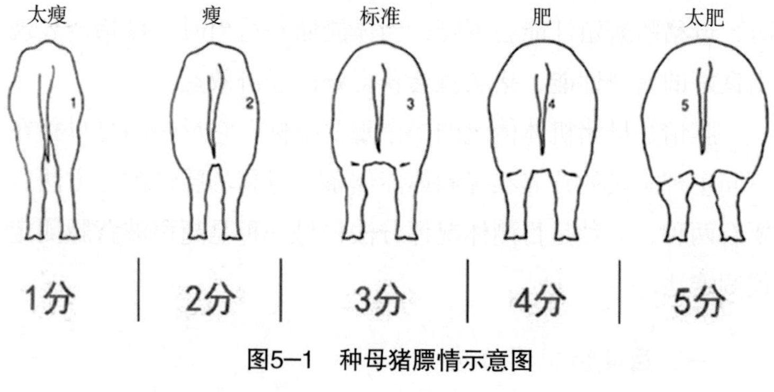

图5-1　种母猪膘情示意图

二、超声波背膘测定仪测定法

P2背膘测试仪用超声波脉冲来测量哺乳动物的背脊脂肪的总厚度。哺乳动物在表皮内一般有1层、2层或3个脂肪层，测量范围是4~35mm，精确度为±1mm。

使用方法：在测试部位涂上一定量的润滑剂，如油或水，将探头与猪皮肤接触，轻轻地按着或者转动着把皮肤和探头之间的气泡挤出来，使探头和皮肤很好耦合。最普遍的造成失误的原因是润滑剂不够，使超声波无法穿透或探头和皮肤间有空气气泡，所以，操作时一定要确保皮肤和探头之间没有空气或气泡，探头必须与背脊保持垂直，这是很重要的。操作时如果探头与皮肤间有一定的角度就可能出错。

三、膘情调控饲喂程序

每周对保胎舍的怀孕母猪进行一次进行膘情评估，记录并标记过胖和过瘦的母猪（过肥减料使用绿色，过瘦加料使用红色标记物），并根据母猪体况调整日粮饲喂量，如在人工饲喂时应告知饲养员进行调节。

应用饲喂程序（表5-2），很好地控制母猪膘情是可行的方法。断奶母猪膘情控制在3分，不低于2.5分，不高于3.5分。重胎期母猪的膘情控制在4分，不超过4.5分。

表5-2 母猪膘情调控饲喂程序

阶段（d）	喂料量（kg/d）	饲料类型	备注
0—30	1.8	妊娠前期	配后7d严控喂料量在1.8kg/d以内，7d后可以尽快调膘
31—60	2.1	妊娠前期	
61—89	2.3	妊娠前期	中期过肥会影响乳房发育
90d至上产床前	3.5	妊娠后期	

（续表）

阶段（d）	喂料量（kg/d）	饲料类型	备注
断奶当天	1.5	哺乳期	
断奶后2d至发情前	自由采食	哺乳期	高达6.5kg/d，每日可加葡萄糖200g

四、妊娠母猪背膘厚度对生产的影响

1. 背膘厚度对产仔性状的影响

选取正常发情和分娩的3胎次大白猪经产母猪98头，根据背膘厚度分为三组，分别为背膘厚组21～27mm、背膘适中组16～20mm、背膘薄组10～15mm。按猪场免疫程序进行常规免疫，自由饮水，妊娠期母猪每日9：00和16：00各饲喂 1次，饲喂干粉料，每日喂量1.8～3.6kg。

结果妊娠母猪分娩前背膘厚度适中组的窝产仔数和窝产活仔数分别为13.51头和12.63头，窝产仔数比背膘厚度薄组高出2.10头，比背膘厚度厚组高出 2.19头（表5-3）。因此，在生产实际中每月至少应做一次膘情检测，根据检测结果和母猪产仔情况及时合理调整母猪饲喂程序，从而使母猪始终保持良好的体况。

表5-3 妊娠母猪背膘厚度与产仔性状的关系

背膘厚度（mm）	窝产仔数（头）	窝产活仔数（头）	死胎数（头）	死胎率（%）
10～15	11.41±0.70	10.59±0.58	0.56±0.20	3.30±0.12
16～20	13.51±0.40	12.63±0.39	0.60±0.14	4.41±0.09
21～27	11.32±0.60	10.68±0.54	0.50±0.14	4.11±0.10

2. 背膘厚度对适时配种的影响

临产母猪上产房到断奶母猪下床时的背膘损失应小于3mm，如果大于3mm，母猪在断奶后会出现延迟发情或不发情的症状。

第二节 断奶母猪的饲养管理

断奶母猪阶段所指的是从母猪断奶到发情配种的这一阶段。

猪场经营的成败主要取决于繁殖猪群的效率，如果母猪的繁殖水平不好，那么猪场的销售将会受到很大影响。种猪生产者饲养母猪应最大限度的提高母猪的生产力和经济效益。因此，如何降低饲养成本，提高母猪的繁殖性能是每个种猪生产者尤为关注的问题。

一、营养

猪是多胎动物，在一个发情期内排卵数有几十个，但产仔时只有10多头。约有23%～48%的卵子和胚胎在妊娠期死亡，这与遗传和环境因素有关，与饲养管理、营养水平有直接的关系。

营养是后备母猪正常生长和生殖系统正常发育的基础。后备母猪初情期营养要丰富，这有利于以后多排卵。此时的营养对以后受精、妊娠、产奶在很长时期内都有影响。

营养水平影响经产母猪的发情、排卵。适当的营养水平促使母猪适时发情。对瘦母猪在发情前2～6d加强营养（短期优饲）可提高排卵率。配种前较长期（30～75d）高能量水平的母猪排卵数约13.24个，低能量水平的母猪排卵数约12个。配种前短期内（20d以内），高能量水平比低能量水平的排卵数也有所增加。

日粮能量水平对卵巢活动有明显的作用。因营养不良可抑制发情，在青年母猪比成年母猪严重。能量水平低可导致断奶母猪不发情。

蛋白质的质和量都影响母猪的受胎率。蛋白质不足会促使产仔小、胎盘被吸收，一般要求每千克日粮蛋白质占12%，在哺乳期间配种的母猪应适当增加蛋白质的喂量。

矿物质和维生素缺乏均可引起发情异常。凡属此类发情不正常的母猪，使用外源生殖激素进行调节效果较差，需从改善营养水平着手（表5-4）。

表5-4　维生素对种猪繁殖性能的影响

维生素	维生素A	维生素E	维生素C	叶酸	生物素	β-胡萝卜素
提高精液品质		++	++		++	+++
增加排卵数	+	+		+	++	
改善受精率	+		++		++	++
提高受胎率		+		+	+	
减少胚胎死亡		++	+++	++	++	
提高胎儿成活率	+	++	++	+++		
缩短发情周期	+	+				++
缓解繁殖障碍	++	+	+			+++

二、饲养

母猪断奶当日转入配种舍后，当天可不喂料和适当限制饮水。断奶时母猪膘情应控制在3分，不低于2.5分，不高于3.5分，以看到稍微突出的脊椎骨为宜。

保持饲料品种和喂量不变。断奶母猪可喂哺乳期饲料，使其尽快恢复膘情，给予短期优饲，以加速发情排卵日程，一日喂2次，日喂2.5~3.0kg。延迟发情的断奶母猪在优饲时，适当增加日喂量，日喂3.0~4.0kg。对于断奶后过度消瘦的母猪，除了断奶前后各3d不减料外，还应加大喂量和每日补饲青饲料1.0kg以上（或者额外增加优质蛋白饲料，如鱼粉），使其尽快恢复体况。

给断奶母猪的短期优饲催情，一方面要增加母猪的采食量；另一方面提高配合饲料营养水平，要求饲料蛋白质不低于16%，总消化能不低于13.39MJ，赖氨酸不低于0.80%，钙不低于0.75%~0.90%，磷不低于0.50%。

母猪的膘情至关重要，过肥过瘦的要调整喂料量，膘情恢复正常再进行配种。在配种后7d内喂料量应控制在1.6~1.8kg/d，因为配种期的3d内母猪的食欲本来就比较差，3~7d也不能喂得过多，这段时间如果喂得多会导致母猪子宫内环境的温度较高，对受精卵的成活十分不利，直接导致产仔数下降。

三、温度和光照

1.适宜的温度

小气候环境对母猪繁殖率的影响很大，尤以温度的影响最甚。温度是决定母猪繁殖率高低的一个重要因素。因为，猪的汗腺极不发达，热调节机能差，温度的变化势必带来机体代谢和生理机能的变化，从而影响母猪的繁殖功能。

受炎热影响，母猪的血液中促肾上腺素皮质激素显著增加，致使卵巢发生疾患，性机能减退，繁殖受阻。潮湿炎热环境可使青年母猪的性成熟推迟32d。在28℃以上高温中，母猪的性成熟普遍推迟。产生热应激的后备小母猪只有20%能够在10个月内发情。所以，夏天炎热季节，母猪发情率比其他季节低20%，初产母猪更为明显，其原因有：炎热季节，由于热应激的原因，母猪采食量减少，摄入的有效营养养分下降，特别是能量、脂肪的不足，导致正常激素分泌机能发生障碍。

在夏天炎热季节，如果给予只含3%脂肪水平的饲粮，母猪断奶后10d之内发情的仅有34%。母猪如果在哺乳期每天摄入消化能66.90MJ，在断奶后即可发情；如每天摄入消化能50.21MJ，需要6～10d才发情，如每天只摄入消化能33.47MJ，至少需要25d才发情。

母猪的受胎率总是随着季节的变化而变化。据美国猪群产仔记录的分析，8月的受胎率最低可达58%；3月最高，为86%。日本的资料指出，夏季配种的母猪受胎率低，对800个猪场5年的资料分析证实，当平均气温高于32℃时，发现不孕的经产母猪占33.2%，初产母猪占37.8%。

所以，保证适宜的温度条件，可提高母猪的生产性能和繁殖性能。定期通风换气，为母猪创造良好的环境。猪舍温度应保持在16～21℃，相对湿度70%～80%为宜。夏季炎热时，母猪在高温高湿环境中，猪体散热困难，体温上升，猪体物质代谢发生障碍。猪体明显失重，促排卵素减少，很不利于母猪发情。所以，一定要抓好防暑降温，加强通风，以营造好的凉爽环境。温度太高时，要向房顶洒水降温，打开风机，配合使用喷雾器、喷水器，都有好的降温效果。在母猪日粮中，加喂0.1%的维生素C和0.1%～0.5%的小苏打水，可起到预防或减轻热应激的有害影响。在冬季寒冷时，除了做好保温工作的同时，还要定期通风，以防猪舍内氨气过大。集约化饲养产生了众多的应激因素，这些应激导致对猪繁殖力损失占到整个繁殖力损失的30%以上，这也就说明，加强现代化养猪企业的科学化管理，减少各种应激因素，对于提高猪群繁殖力水平有着重要意义。

2. 光照

不同的照度和光照时间对母猪的全身状态和免疫反应性有不同的影响作用。猪舍内自然光照和人工光照照度均为75lx（50～100lx），每天光照时间为16～8h，可使母猪体内主要生理过程保持正常，可激活其造血系统、蛋白质代谢、氧化-还原过程，可提高其天然抵抗力和免疫反应性。与饲养在10lux短时间光照条件下的母猪相比，产胎率、产仔数和仔猪都有提高。

四、管理

1. 合理分群

空怀母猪合群时，每栏控制在3～5头的群体，要特别注意大小、强弱和肥瘦分群管理，减少争食打斗应激。每头母猪占面积至少2.0m^2。如果以圈栏为主的系统，也需要有一些限位栏位来饲喂瘦弱的母猪，给它们一些特殊的照看。超期空怀、不正常发情母猪要集中饲养，长期病弱或空怀两个情期以上的，应及时淘汰。

2. 充足饮水

保证充足的饮水，这在夏季尤为重要，母猪的饮水器经常检查是否正常出水，如果发现不出水，要及时修复坏的饮水器及水管，以免把栏舍弄湿，要节约用水，不可长流水。同时，特别需关注的是水压。

3. 清洁干燥

卫生是保证猪良好体况的重要环节，要经常根据需要进行传染病的预防和接种工作，特别是要防止子宫疾病的发生。搞好棚舍及输精用具的消毒和卫生工作，确定责任。如果母猪圈舍内粪便较多，要及时清理干净。喂料前清扫走道、清扫内圈。冲圈时要避免将水冲到猪身上，特别是在冬季，要保持圈舍的干燥，尽量减少冲圈次数，否则猪关节炎和腹泻、感冒的病猪就会增多。母猪粪便一天清理3~4次，降低猪舍内氨气的含量，减少母猪呼吸道疾病的发生和肢体病的发生。粪便清理到舍外后及时拉走，舍内的走道和舍外的水泥路面每天至少清扫1次。粪沟应每日冲净，并每周消毒3~4次。

4. 勤观察，早治疗

要经常对所饲养的猪做详细的检查，观察猪群的整体情况。清理卫生时注意观察猪群排粪情况，喂料时观察食欲情况，休息时检查呼吸情况。

5. 及时淘汰

及时淘汰无效生产母猪，缩短母猪非生产天数。非生产天数（NPD）是指母猪1年内没有怀孕也没有哺乳的天数。

其中，每个繁殖周期都有3～6d（平均5d）断奶到配种的间隔期，称为必须非生产天数，从配种到返情、流产、死胎的天数称为非必须非生产天数。

一个规模猪场希望每头母猪年产2.2窝，28d断奶，则非生产天数（NPD）=365-2.2×（28+114）=53d。其中，必须NPD=2.2×5=11d，非必须NPD=53-11=42d。所以，断奶到配种间隔时间（最好≥5d，最差≤10d），返情率、流产、死胎率对一个猪场很重要。

6.加强责任心，培养良好的职业道德

随着集约化、规模化猪场饲养的发展，单圈饲养量增加，饲养人员的劳动强度相应增大。因此，加强饲养人员的责任心、建立良好的人畜关系已成为现代化企业的要求。

种母猪的重要性是不言而喻的。如何饲养管理好猪场的母猪群，经验告诉我们，在品种、栏舍设计已成定局的条件下，合理的保健+科学的免疫+正确的营养+合适的管理，才能最大程度地发挥其繁殖性能。

第三节　母猪发情鉴定

猪是常年发情的家畜。根据经营需要，集约化、规模化生产时大多采用常年配种、常年产仔，家庭农民散养可采用季节繁殖的方式。

一、发情症状

母猪发情初期阴门潮红、肿胀，食欲减退。此时精神不安追逐爬跨，用手压其背部不老实。发情高潮的母猪在圈内精神不安，不吃食甚至鸣叫、跳圈等。外阴肿胀开始消退，出现微皱纹，发呆，频频排尿，用手压其背站立不动（或称之为静立反应），两耳耸立，尾向上翘。阴道会流出白色黏稠液体，接受公猪爬跨和允许交配。此时是最好的配种时期。发情后期，外阴部肿胀，逐渐消退直至全部消退，并有白霜。性欲减退，不让公猪爬跨和交配。

我国地方品种发情表现明显。培育品种、国外引进品种和杂交猪发情表现不明显。往往只有阴门肿胀而无其他表现，对这种猪要注意观察，不要错过配种机会。梅山猪比大白猪发情持续期长，生殖激素水平显著高于大白猪。发情持续期的时间，梅山猪平均为80h，而大白猪的平均为60h；梅山猪发情期症状明显，大白猪则很不明显。发情时梅山猪血浆促黄体素（LH）平均为27.40ng/ml（从14.6ng/ml上升到55.0ng/ml），而大白猪血浆LH平均为11.16ng/ml，梅山猪LH的峰值为大白猪的2.46倍。

初配母猪发情周期略短于经产母猪，发情的症状不如经产母猪；年老母猪发情持续时间短，表现也不明显应特别注意观察。

二元杂母猪的发情症状不如地方母猪明显，但二土杂交母猪或一洋一土母猪的发情症状较二洋母猪明显。其症状为：食欲略有下降，大部分二元杂母猪情绪烦躁不安，部分二元杂母猪有爬跨猪圈、跳圈行为，但鸣叫声音不多，也不明显。耳缘静脉怒张，用手摸耳根有发烫的感觉。阴户充血肿胀，阴道湿润，阴户内有黏液流出，呈黏稠状，能拉成线状，阴户充血肿胀逐渐减退，变成淡红，微皱，间或有变成紫红的，用手触摸阴道，明显感到其温度比未发情前高。用手压背部，大部分二元杂母猪出现呆立不动，喜欢静卧。

二、发情鉴定方法

母猪的发情鉴定工作主要是及时发现发情母猪，准确判断母猪的发情阶段及输精的最佳时机。每日做两次试情（每天7：00～9：00和16：00～17：30进行发情检查），将试情公猪赶至待配母猪舍，让其与母猪头对头接触。判断母猪是否发情的方式很多，如在安静的环境下，有公猪在旁时工作人员按压母猪背部（或骑背），以观察其是否有静立反应。试情公猪一般选用善于交谈、唾液分泌旺盛、行动缓慢的老公猪。

三、异常发情

断奶后对于乏情、异常发情和反复发情的母猪要给予更多的关注，可采用公猪诱情的方法去刺激发情和药物催情，若这些措施都不能使母猪发情配种，要尽快淘汰。

1. 母猪产后发情

产后发情是指母猪分娩后出现的第一次发情。通常母猪在分娩后3—6d发情，但此时，一般不排卵，所以，配种也不易受胎。一般在仔猪断奶后母猪在7d内再发情，并且排卵，此时，配种受胎率高。

2. 孕后发情

母猪在妊娠以后仍发情，亦称假发情。主要是由于性激素机能的混乱造成。

3. 安静发情

亦称安静排卵。母猪发情表现不明显，这样易造成错过发情配种机会。

4. 短促发情

母猪发情期很短，如不注意观察，则发情期已过。

5. 断续发情

发情时续时断，发情时间延续很长，这是由于卵泡交替发育所致。

安静发情、短促发情、断续发情多见于初情期后性成熟期间。主要是由于营养不良、饲养管理不当等造成。

四、母猪的适时配种

所谓适时配种，就是正确掌握母猪的发情和排卵规律，及时交配或输精，使精子与卵子在生活力最旺盛的时候相遇，达到受胎的目的。

1. 母猪发情排卵的基本规律

母猪发情持续时间为40—70h，排卵一般发生在发情开始后24～48h，排卵高峰在发情后36h左右，母猪排卵持续10～15h或稍长时间。卵子在生殖道内保持受精能力的时间是8～10h，而精子在母猪生殖道内一般能保持10～20h有受精能力。因此，配种要选择在母猪排卵前2～3h进行（在发情后24h配种）。

经产母猪依断奶到再发情的间隔时间不同而不同。Missen（1997）对118头经产母猪的发情规律研究如下。

（1）母猪断奶到再发情的间隔时间的长短与发情期长短

呈负相关，即断奶后越早发情母猪的发情时间越长。

（2）母猪发情期的长短与发情至排卵的时间呈正相关，即母猪的排卵时间总是在发情后期。

可通过下列公式推算：母猪发情至排卵的时间（h）=84.2−0.46×母猪断奶到再发情的时间（h）（该公式置信度95%，复相关系数R2=0.29，相关性属中等）

据上式推算，离奶后第3−6d发情的母猪，其发情至排卵的时间为18−51h，由于配种时间应在排卵前10h，故推算出配种时间应在发情后的8−41h，按半天（12h）为一个发情检查间隔单位，则最适配种时间应为发情后的0～36h。

后备母猪不能过早配种。当猪达到性成熟时，体格仍没有发育成熟，生殖器官也没有完全发育成熟，若过早配种产仔，由于乳房发育不完善，产仔后泌乳量少，会影响仔猪生长。而且由于分娩、哺乳，母猪的体重相应减轻，使体成熟推迟，并可能推迟断奶后的再次发情时间。一般认为，后备母猪在第三个发情期可进行初配。

2.性情鉴定

发情鉴定最佳方法是当母猪喂料后半小时表现平静时进行，每天进行两次发情鉴定，上午下午各1次，检查采用人工查情与公猪试情相结合的方法。母猪的发情表现如下。

（1）阴门红肿，阴道内有黏性分泌物。

（2）在圈内来回走动，频频排尿。

（3）食欲缺乏，日采食量下降、饮水增加。

（4）当手压背部静立反射明显，两耳竖立、压背站立不动。

（5）相互爬跨，接受公猪爬跨。

（6）用拇指检查阴部，有温热感觉，并有黏性感。

3.适时配种

生产中，只要发情母猪接受公猪爬跨或用手按压母猪腰部呆立不动，就可以让母猪第一次配种。由于母猪品种、年龄不同，发情持续时间长短不一。一般来说，高胎龄母猪发情持续时间短，应提早配种；青年母猪发情持续时间长，配种时间稍推迟；中年母猪处于中间，所以要掌握"老配早、小配迟、不老不小配中间"的原则。另外，外来品种母猪发情不明显，更需要仔细观察。

为了提高受胎率和产仔数，可采取重复配种，第一次在母猪发情后10h进行配种，第二次间隔10～12h再配1次。配后18～25d注意检查是否返情。也有的母猪发情不明显，发情检查最有效方法是每日用试情公猪对待配母猪进行试情。断奶后3～7d，母猪开始发情并可配种，流产后第一次发情母猪不予配种，生殖道有炎症的母猪应治疗后配种，配种宜在早晚进行，每个发情期应配2～3次，配种间隔期12～18h。体况很差的母猪，到发情需要很长时间，如果第一胎的母猪，在哺乳时失去了很多体重，应在第二次发情时，再进行配种，下胎产仔数会增加。

实际工作中可归纳为"五看"。一看阴户：由充血红肿到紫红暗淡，肿胀开始消退并出现皱纹；二看黏液：由稀薄到浓稠并带有丝状；三看表情：呆滞，出现"静立反射"；四看年龄："老配早，小配晚，不小不老配中间"；五看品种：国外引进品种发情期为3～5d，持续期10～25h。长白猪比大约克猪晚1.0～1.5d，比杂种母猪发情晚3～4d，可以在发情后第二天下午配种。

4. 精子数量

在受精过程的不同时期，参加受精的精子数目是不同的，当输入精子数不足时，会降低受精率；相反，当输入精子数超过某一限量时，也会给受精带来不良的后果。

据报道，国内外对人工授精时的输精量和输入有效精子数认识不一。国内土种母猪的常规输精量为40～50ml，精子总数不少于40亿个（简辅成，1993；王前等，2005）。国外瘦肉型经产母猪输精量应90～100ml，初配母猪的输精量不低于75ml。中国台湾养猪科学研究所郭有海等试验，输入精子数12.5亿个、20亿个、30亿个、40亿个和50亿个的活动精子，母猪的妊娠率没有显著差别。比较每次输精20ml、30ml、40ml母猪的情期受胎率、产活仔数和初生窝重差异均不显著（唐式校等，2006）。

有报道给梅山猪输入10亿个、20亿个、40亿个的有效精子数，情期受胎率没有影响，但过低的精子输入量，有降低分娩率的趋势，窝产仔数分别为11.8头、13.0头、13.8头。给长大母猪猪输入60亿个、80亿个的精子数，情期受胎率和分娩率没有影响，窝产仔数分别为11.5头、11.4头（曹建国等，2009）（表5-5）。

表5—5　情期受胎率、分娩率和产仔数、产活仔数

品种	有效精子数（亿个）	输精量（ml）	情期受胎率（%）	分娩率（%）	窝产仔数（头）	窝产活仔数（头）
梅山猪	10	40	100	85.7	11.83 ± 4.41a	11.67 ± 4.71a
	20	40	100	75.0	13.00 ± 0.82b	13.00 ± 0.82b
	40	40	100	100	13.75 ± 1.30b	13.00 ± 0.71b
长大猪	60	80	100	100	11.50 ± 1.77A	10.19 ± 2.43A
	80	80	100	100	11.38 ± 1.49B	10.44 ± 1.77B

（资料来源：曹建国等，2009）

五、母猪交配后处理

母猪交配后应留在原圈4周以上才能转圈，这样有利于减少环境应激对胚胎早期死亡的影响，可以获得更多发育的胚胎，有利于提高窝产仔数。在养猪生产中，并不是所有的卵子都能形成胚胎或胎儿而最终出生的，这种损失一般要占到排出卵子总数的30%～40%。胚胎附着开始之前是胚胎死亡的敏感期，胚胎死亡率占全部胚胎死亡的60%以上。造成死亡的原因有遗传、营养应激（能量缺乏、矿物质不平衡或维生素缺乏）、生殖系统疾病、内分泌紊乱以及管理不当，如配种不适宜、不良环境应激等都会导致胚胎的死亡。

因此，配种后母猪应在原圈中饲养，或转入限位栏中饲养，保持母猪安静、减少应激是减少胚胎的早期死亡、提高产仔数的关键。

六、配种（输精）前后应注意的问题

配种前必须清洗消毒母猪外阴部，先用清水清洗，然后用

0.1%高锰酸钾水溶液消毒，隔5min再用清水冲洗1次，并用毛巾擦干。如果输精时采用一次性输精管瓶，并让精液缓慢流入母猪子宫内，切忌强行挤压输精，以免造成精液倒流。配种时必须保持环境安静无干扰，配种后及时做好记录。建立好母猪个体的繁殖登记制度，及时掌握猪群的繁殖情况，及时淘汰有病或繁殖力较低的老龄母猪，使猪群总保持在良好的繁殖水平。

第四节　母猪淘汰与猪群结构

一、母猪的淘汰

注意挑选好的母猪可以有效地利用现有母猪饲养空间。因此，在这一环节中应注意以下方面。

（1）当经产母猪被淘汰时，要有足够的后备母猪补充其位置，保证猪场繁殖工作的正常运行。

（2）合理平均安排配种和分娩，保证猪场生产计划的正常运行和有效地利用母猪饲养空间。

理论上母猪的繁殖周期为148d左右（怀孕期115d，哺乳期28d，断奶至发情间隔期为5d。实际生产过程中由于一些时间损失造成平均周期相对长一些。产生损失时间的原因有：

①发情太迟或不发情。

②发情不适时，导致错误配种。

③怀孕率/产仔率低（多次重复配种和淘汰母猪）。

④空怀（无繁殖力）母猪未被及时发现。

⑤怀孕中途失败。

⑥母猪转舍不及时。

对于以上几点应注意并加强管理和控制，使损失时间减至最小，由此可以保证养猪生产取得最佳结果。

二、母猪淘汰标准

从生产力的角度决定母猪是否应该淘汰的最佳时机是即将断奶前的一段时间。在这之后任何决定都会引起时间上的损失。

淘汰母猪时考虑的因素（表5-6）。

（1）如果预算下一窝产仔水平低于平均水平，该母猪应淘汰。

①青年母猪第一、第二胎窝均产活仔7头以下的。

②经产母猪连续两胎产活仔合计少于12头的。

③经产母猪连续两胎哺乳仔猪成活率低于60%，无乳、咬仔等。

④经产母猪7胎次以上，且累计胎均产活仔数低于8头的。

（2）年龄较大的母猪，如怀疑其品质有问题，将其淘汰。

①断奶母猪2个月经过处理仍不发情的。

②母猪连续2次、累计3次妊娠期习惯性流产或流脓的。

③母猪配种后复发情连续两次以上的。

④生殖器官疾病或肢蹄病（如：严重流脓、肢蹄病等）。

⑤发生普通病连续治疗两个疗程而不能康复的种猪。

（3）研究表明，怀孕的概率按以下概率发生变化。

第一次配种：80%～85%怀孕

第一次再配种：60%～67%怀孕 ＝以上概率为独立的因素，与胎次无关

第二次再配种：<55%怀孕

表5-6 据生产性能淘汰母猪的标准

组别	分娩后2周时决定	配种后返情第一次第二次
后备小母猪	保留	保留考虑
产仔1-4胎后	保留	保留考虑
产仔5胎后	保留	保留淘汰
产仔6胎后	考虑	考虑淘汰
产仔7胎后	考虑	淘汰

保留：无淘汰迹象。

考虑：生产性能与平均水平相当。

淘汰：指应将其转移出猪场。

以下几点自始至终应加以考虑：年龄、腿、乳房、健康、繁殖力。

正常情况下，配种后第三次返情意味着淘汰。

对处于"考虑"阶段的猪群做出是否需要淘汰的决定时，参考完备而详细的记录是非常重要的。

在（曾）祖代猪场，为了改良基因品种，建议每年淘汰45%～50%的母猪。

三、猪群结构

1. 猪群结构

猪群结构是指种猪繁育各层次中种猪的数量，特别是种母猪数量，以便计算所需种公猪数量和能生产出的商品肉猪。猪场需要合理的胎龄结构，它可以提高猪场的繁殖成绩，确保猪群的正常周转。

猪场满负荷均衡生产后，在基础母猪群中，各胎次占基础母猪群的比例调控很重要。在不同父母代场的结构不同，核心群场母猪一般留到5胎，纯繁扩繁群也只能保持6个胎次。母猪1～2胎的比例，核心群占60%左右，纯繁群占50%左右，杂繁群占40%左右，商品场要达到30%左右。

商品场3～7胎龄猪繁殖性能最佳，3～7胎次的比例对猪场繁殖力很重要。由于1～2胎、8胎以上母猪抗病力差，若成熟的3～7胎母猪所占比例过低，整体母猪群的群体免疫水平将受损，因此，保持合理的胎龄结构可以确保种猪群健康度得到保障。

2. 结构标准

胎龄结构合理，各个胎次分布均匀，做生产计划、经营、引种也比较方便，不会造成生产脱节。由于各场的生产情况不一样，建立合理的胎龄结构必须要建立起适合自己场的实际胎龄结构标准，商品场原则上3～7胎的母猪占60%以上，8胎以上的母猪在10%以上，1～2胎的母猪占30%左右。建立周、月、季度胎龄结构手工表，在电脑系统中建立结构动态简报表（表5-7）。

表5-7 不同父母代场合理的胎龄结构标准

群体	胎次									合计
	1胎	2胎	3胎	4胎	5胎	6胎	7胎	8胎	9胎或以上	
核心群	34	26	20	13	7					100
纯繁扩繁群	27	22	18	15	12	6				100
杂繁扩繁群	20	18	17	16	14	11	4			100
商品群	15	13.5	13	12.5	12	11.5	11	7	4.5	100

第五节 批次分娩技术

批次分娩技术的核心关键是母猪同期断奶和同期发情配种。

批次生产就是将原有的连续式管理模式，即每天或每周都有断乳、配种及分娩的工作，改为在集中的时间内完成生产工作且间隔分明有规则。在连续生产中，根据繁殖周期的固有循环，几乎每天都有配种、分娩和断奶的母猪，而在按周的批次生产中，配种分娩和断奶这些主要工作会相继在一个周期内依次完成，视猪场规模可改为1周、2周、3周或5周为一个批次生产（表5-8）。

表5-8 生产流程设计

批次模式	适用规模（经产母猪头数）	特色
半周一批次	1 200以上	肉猪群抗体水平均匀
1周一批次	450～1 200	每周工作固定

（续表）

批次模式	适用规模（经产母猪头数）	特色
3周一批次	100~500	符合生猪生殖周期、工作固定、抗体均匀
4周一批次	150	产房利用率最高

一、集中断奶调整法

一般最常用及节省成本的方法就是在一定范围内让母猪同时断乳，这批母猪会在断乳后5~7d同时发情，如果是3周批次，则此动作每3周执行1次，经过21周调整，全场即可调整为3周一批次的生产模式。

二、激素刺激调整法

利用前列腺素（PGF2α）诱导母猪同期分娩，但如因同批预产期范围过大时，并不适合使用此法。但调整后之同批次母猪群，如果其中有2头母猪已经生产，剩余待产母猪即可以施打PGF2α，使其整批怀孕母猪群集中分娩，将批次间分娩仔猪日龄控制在3日龄以内，对整批仔猪后续的饲养会较为顺利，可以达到母猪同期断奶的目的。

应用合成类孕酮让母猪发情同期化，于黄体期间每日1次添加于饲料中，使母猪延长黄体期，导致滤泡生长发育延迟，从而延缓发情周期，直到经产母猪或青年母猪在发情时间上处于同一阶段，停药后整个发情周期再重新启动，种群内处于发情周期同一阶段的所有母猪就可以开始发情。应用合成类激素，应根据兽医的建议并在其监督下，首先计划转换方案，从连续生产转换到按3周、4周或5周一批次的生产节律。

转换到一个完全的批次生产系统约需要6个月。

以采用5周一批次3周断奶的管理为例：5周中2周是比较忙的，另外，2周因为没有配种、分娩或断奶的任务就比较休闲。所以这两周可以做一些维护和被延后的工作；同时，在5周的周期中，10个周末日中有8天没有重要任务。这就是这种特殊的批次管理越来越受欢迎的原因（表5-9）。

表5-9　隔5周分娩和3周断奶的工作计划

	第一周 （断奶）	第二周 （配种）	第三周 （分娩）	第四、五周（无重要任务）
星期一	治疗仔猪	配种和孕检	—	—
星期二	仔猪转群	配种	孕检	—
星期三	准备好青年母猪 准备同期发情	配种	—	—
星期四	断奶	—	分娩	—
星期五	清洗分娩舍	待产母猪进入分娩舍	分娩	—
星期六	—	—	分娩	—
星期日	—	—	—	—

批次生产系统能使从事分娩和断奶后管理的工作人员有更多的时间专注于他们这两个关键的阶段。

采用批次分娩后，与传统的连续生产方式相比，每头母猪每年所占用的工时并没有多大的改变，然而，相同工时的生产效率却更大了（表5-10、表5-11））。

表5-10　采用批次分娩前后的生产效率

项目	转换前2年（5胎）	全部执行批次管理后的18个月（3胎）
窝均产仔猪（头）	10.36	11.21
每头母猪每年提供24日龄断奶仔猪重（kg）	124	133.6（+7.7%）
每kg断奶仔猪重的兽医、药物费用（元）	0.868	0.713（−16%）
每kg断奶仔猪重的劳动力费用（元）	2.624	2.421（−18%）
总结：所有猪饲养至出栏		

（数据来源：Gard，2005）
根据4.6年的记录，发现所带来的效益还可以延续到育肥阶段

表5-11　每周断奶与每3周断奶的生长、育肥猪的性能对比

	每周断奶	每3周断奶	改进
日增重（g）	490	547	+12
饲料转化率（%）	2.36	2.26	−4
每头猪的药物费用（元）	29.62	17.66	−48
断奶至出栏的死亡率（%）	11.5	6.6	−41

综上所述，批次生产技术有多项优点，包括可提高劳动效率、改善猪群的健康以及降低仔猪的死亡率。

第六节　分胎次饲养技术

分胎次饲养（SPP）包括将繁育群划为两个群体，分别为免疫状态不稳定的年轻母猪群（特别是第一胎和第二胎）和免疫系统成熟的母猪群。将青年母猪和第一胎母猪饲养在猪场内

远离经产母猪区域，以尽量减少来自这些年轻母猪的潜在病原传播。将相同胎次的母猪分开饲养，因为，不同胎次的母猪对饲养管理和营养需求不同，对于它们的后代采取相似的饲养管理措施，尽量减少疾病传入种猪群的机会。

为何要进行分胎次饲养？这是由于第一胎的母猪（P1）随着体蛋白损失的增加，断奶到发情的间隔时间也会延长，并且使第二胎的窝产仔数减少0.75头。相反，分胎次饲养能够很好地将第一胎母猪的体蛋白损失控制在2kg内，能使第二胎的窝产仔数比第一胎多1.0头。

分胎次饲养更有利于预防猪繁殖与呼吸综合征、支原体、传染性胸膜肺炎、仔猪腹泻等疾病。由于第一、第二胎母猪的免疫系统尚未发育成熟，它们往往是疾病的感染源，分胎次饲养隔断了两者之间的接触传播，减少疫病发生，用药成本可以大大减少。

另外，分胎次饲养很有可能可以延长猪场的母猪生产利用年限。

一、分胎次饲养场的建立

根据猪场规模的不同，有两种不同的方案可以采用（图5-2）。对少于500头母猪小猪场来说，可由3~5个猪场组成一个分胎次饲养（SPP）单元。其中，一个作为P1猪场，或多个商品场共建一个P1猪场，而其他场在保持各自猪场饲养、管理等不变的情况下，作为P2+猪场。两个或更多的扩繁猪场也可共建一个P1猪场，他们可提供配种前的后备母猪，或提供不同怀孕阶段的后备母猪，也可提供刚断奶的P1母猪。为了构成一个SPP单元，每一成员猪场的后备母猪应来自相同种质的种猪场。另外，各猪场健康水平相近。

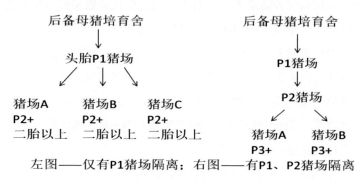

左图——仅有P1猪场隔离；右图——有P1、P2猪场隔离

图5-2　分胎次饲养方案

一个有多个饲养单元的大猪场或集团公司猪场也可容易地转换成一个利用SPP技术的猪场。由于P1猪场要求更高的生物安全环境，其场址应坐落在一个隔离区域内。另外，可选派最有经验的人员去管理P1猪场以产生最大的生产效益。除P1猪场外，另一猪场可隔离出来作为二胎猪场（P2），余下的猪场可做为P3+猪场。繁殖母猪可以从后备母猪生产单元移入P1猪场，待断奶后再进入P2猪场。P2猪场的母猪在断奶后进入P3+猪场。但这些母猪不能逆向移动。如果猪场因场地有限、距离及其他原因不能建立隔离的P2猪场，也可建立P2+猪场。这样，隔离的P2猪场优点就不清楚了。

二、断奶后猪的移动SPP

断奶猪未经任何改变就进入保育及生长/肥育区。但是，P1猪场的病原微生物水平要比P2+猪场的高。这样的话，在P1

猪场中有更多的病原微生物传给新生仔猪，断奶猪也携带更多的病原微生物。经试验发现P1猪场后代死亡率增加、增重下降（表5-12）。可见，来自P2+猪场的断奶猪能和来自P1猪场的断奶猪隔离饲养是个理想的措施。如果不能做到的话，也可进行加药早期断奶或产前免疫和使用抗生素，这对减少P1猪场新生猪的病原微生物水平有所帮助。如果P1猪场、P2+猪场断奶猪的病原微生物水平相似，可在相同生产流下混群饲养。Dr.Camile Moore 已报道了P2+后代的生产价值，在性能方面P2+后代要比P1后代更好（表5-12）。

表5-12 保育和肥育舍中P1、P2后代的比较

	P1猪场	P2+猪场
仔猪断奶重（kg/头）	5.32	5.72
保育期死亡率（%）	3.17	2.55
保育期日增重（g）	412	435
育肥期死亡率（%）	4.31	2.35
育肥期日增重（g）	735	763

（资料来源：Dr. Camile Moore）

　　表5-13显示了某个猪场的繁殖参数，该猪场拥有隔离的P1猪场、P2猪场和P3+猪场。该场采用图5-2（右图）所示的技术进行管理。后备母猪饲养在一个隔离的后备母猪生长舍中，在至少一次明显的发情之后转移到P1猪场，然后每次断奶后将P1母猪转到P2猪场，P2母猪转到P3+猪场。猪场实行100%的人工授精。表5-13中的生产数据没有显示出性能的明显提高，然而，有意思的是它显示了仅有P2猪场比P1或P3+猪场具有更好的性能。

表5—13　分胎次饲养生产参数比较

项目	P1猪场	P2猪场	P3+猪场	总数
母猪数（头）	2 545	2 636	5 337	1 0518
受胎率（%）	87	86	85	86
复配率（%）	7.6	9.8	5.9	7.3
产仔率（%）	86	83	78	81
窝产活仔数（头）	10.8	10.8	10.9	10.8
总木乃伊数（头）	2	1.5	1	1.4
总死胎数（头）	8.5	6.4	10.1	8.8
母猪非生产天数（d）	32	23	35	32
非生产天数（d）	8.7	6.2	9.6	9.4
断奶仔猪数（头）	12.3	11.2	13.8	12.8
断奶仔猪数/母猪/年	22.5	24.2	22.3	22.8

三、SPP技术的可行性

对所有进P1猪场的繁殖母猪均要进行严格的隔离和驯化，因为，一些年轻的繁殖母猪更可能是带毒（菌）者或处于持续排毒（菌）状态。仔猪在保育期由于缺乏母源免疫经常发生多种不同病原微生物的主动感染。例如，在大多数生产体系中，猪繁殖与呼吸障碍综合征（PRRS）病毒感染2月龄的猪。如果购买已感染PRRS病毒的繁殖母猪并在6月龄时引进猪场，那么离感染后只有4个月的时间。在这4个月内清除感染猪中的PRRS病毒是不可能的。离首次感染的时间越长，繁殖母猪携带不同病原微生物的机会就越小。那么问题是要多长时间才能完全清除感染了PRRS猪体内的病毒呢？答案不清楚。如果P1猪场母猪在断奶后进入P2+猪场，P2+猪场的母猪至少就有12月龄。若母猪在保育期感染了PRRS病毒，那么离感染后就有10个月以上的时间了，这些母猪很可能是完全免疫的并且PRRS病毒已从体内清除了。猪肺炎霉形体或其他病原微生物感染的情况与PRRS病毒感染的情况类似。

在SPP技术中，P2+猪场中母猪的病原微生物携带量可急剧减少，而且由于P2+猪场不断引进高免疫力、不带毒（菌）的P1母猪，P2+猪场中的某些病原微生物最终被消灭。由于没有或很少的带毒（菌）猪，P1母猪引入P2+猪场不需要严格的隔离。因此，对P2+猪场只需在饲养区采取简单的生物安全措施就足够了。

SPP技术中，由于有更专业化的员工和设备，生产水平的提高是明显的。同时，因为仅有那些最近未感染的老母猪加入到P2+猪场，所以，健康水平也提高了。

采用SPP技术可以获得下列好处。

（1）通过对后备母猪管理、分娩及营养等的专业化措施，可以提高P1猪场的生产性能。

（2）由于引入免疫坚强的母猪，稳定了P2+猪场的健康水平。

（3）由于没有或很少引进携带如PRRSV及猪肺炎霉形体病原的母猪，P2+猪场有可能清除疾病。

（4）由于减少了病原传入的危险，P2+猪场不必实行严格的隔离和驯化。

（5）提高了P2+猪场后代的均一性。

（6）通过P1猪场、P2+母猪场的营养定制，降低了饲养成本。

至此，SPP技术还需要更多的生产数据和健康监测来进行严格的评估，母猪的搬运及运输时的防疫等问题也需要解决。但是，SPP技术至少在原理上具有明显的好处，可以使生物安全性及健康的潜在提高。

第六章 仔猪生产管理

第一节 仔猪早期补饲技术

一、补足初乳

仔猪有抢占奶头的习惯，在短暂的放奶时间里，如果不固定奶头，仔猪必须互相抢占奶头，咬架、强夺弱食、咬破奶头、乳房的皮肤，干扰母猪正常放奶或拒绝哺乳。所以，仔猪在吃初乳的同时就要固定奶头，人为地让弱小仔猪吃前部奶头、强壮仔猪吃后部奶头，奶头一经固定直到断奶都不会改变。针对最后出生的3~4头仔猪和弱仔猪，人工挤奶，人工补喂初乳每头每次10ml，每天2~3次。使每头仔猪都获得充足的母源抗体，增强仔猪体质，为后期的生长发育打好基础（图6-1、图6-2）。

二、提早补料

哺乳仔猪补料时间越早越好，教槽料的适口性和消化率非常重要。所以，选择教槽料要十分慎重。因为，使用不好的教槽料易导致腹泻，反而造成生长停滞。

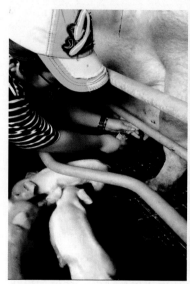 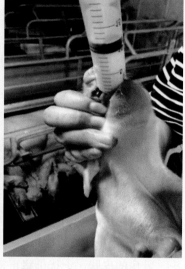

图6-1　人工挤初乳　　　　　图6-2　人工补饲初乳

三、补饲方法

一般在生后5-7d开始教槽；仔猪补料槽要经常保持清洁干燥，补料时要少量多餐，以6次/d为宜；发现仔猪吃不到母乳或母乳无乳时应及时寄养给其他母猪（图6-3、图6-4、图6-5）。

图6-3 少量多次添加　图6-4 仔猪小日龄时　　图6-5 保持食槽的
　　　　　　　　　　　　　给料量　　　　　　　　清洁干燥

四、料槽的放置

教槽料料槽应放置在产架中间/侧边教槽区（图6-6）。放置时应注意如下要求。

（1）不得放置在保温灯下方或保温的教槽区内。

（2）避免被母猪的尿液喷溅。

（3）料槽要固定好，让仔猪难以移动。

（4）避免母猪用头从产床下方的横杆下方吃到教槽料。

图6-6 料槽放置位置

第二节 断奶日龄的选择及管理

断奶仔猪的饲养管理一直以来就是养猪过程中的重要环节，也是比较难操作的一个环节，犹如瓶颈，谁突破了这个环节谁就掌握了养猪生产的主动权。养猪生产的研究者和实际操作者都在寻找一个行之有效的途径，来提高断奶仔猪的生产性能。

一、断奶标准

在断奶前一天检查仔猪断奶仔猪头数及健康状况，断奶仔猪必须健康和强壮，没有发现任何疾病症状，体重不低于指定标准。断奶日龄在18~21d，平均19.5d，平均重量不低于6.3kg，单个体重最少不低于5.0kg，发现仔猪重量低于标准，直接淘汰。

二、断奶准备

断奶前1d，减少母猪饲喂量；断奶前7d，把断奶仔猪数量及健康状况通知保育育成舍工作人员，做好接猪准备；记录下断奶后需要淘汰的母猪；准备好搬运工具、赶猪板、车辆等并彻底消毒。

三、断奶程序

断奶程序的目标是通过一个正确的日程安排来尽可能减少对母猪、仔猪的应激。将母猪转移到配种舍；把仔猪赶出产栏；使用赶猪板，不要刺激仔猪；把仔猪放在保温手推车或保温运输车中转群（图6-7、图6-8）。

图6-7 手推车装猪

图6-8 去母留仔

四、分群

仔猪断奶后1～2d很不安定，将母猪转走，仔猪在原圈中进行培育，这样可有效减轻仔猪断奶造成的应激。

转群至保育时须按仔猪性别、体重大小、体质强弱、采食快慢等分群，一般合群后1～2d内即可建立群居秩序。

五、减少仔猪断奶应激

断奶是仔猪生活中的一次大转折。断奶时将仔猪和母猪分开，仔猪的饲料由全乳日粮变为干饲料。此时，断奶仔猪处于强烈生长发育时期，但消化机能和抗病能力又不够强，日粮剧烈的变化，加上环境的变化，对仔猪产生强烈的应激。仔猪常表现为食欲差、消化功能紊乱、腹泻、生长迟滞等，这就是所谓的"仔猪早期断奶综合征"。配制适合早期断奶仔猪消化生理的饲粮是克服早期断奶综合征的有效方法。但环境因素对仔猪断奶应激的程度也有较大的影响，创造一个条件适合的小环境，可以缓和仔猪的断奶应激。

第三节　保育猪饲喂技术

保育猪的饲喂是护理保育猪的困难环节，通过合理的日采食量、不同时期投喂的饲料类型、过渡、投喂方式等科学合理的饲喂技术，提高保育猪的饲料转化率和转群体重。

保育仔猪一般采取自由采食的饲喂方式，人工饲喂时多喂勤添，供应充足饮水，保持饲喂设备清洁卫生（图6-9、图6-10）。

图6-9　自由采食　　　　　图6-10　食槽清洁

断奶猪转入之后的7d是保育饲喂的一个关键点，猪的消化系统十分脆弱，从母乳向饲料的转变极易损伤仔猪的消化系统，采食过少会影响仔猪的健康生长，采食过多会加大消化系统负担，消化不良，造成腹泻。所以正确的饲喂方式和饲喂量极为重要。

转入后的前3d，采用少喂多餐的方式，实行4次/d，即将标准采食量等分为4份，吃完再喂，不多喂。一是可以杜绝饲料的浪费，二是可以避免猪多吃造成腹泻。转入后的4~7d总采食量根据猪的采食状况调整，可在采食标准的基础上依次添加20%、30%、40%、50%。因为，经过3d的控料，猪的消化系统以逐渐适应了饲料，在不浪费的基础上合理过量的饲喂，可以加快猪群的长势。

饲喂应满足猪不同生长阶段生理需求，制定科学的用料方案（表6-1）。

表6-1　保育仔猪饲喂方案

料号	饲料用量（kg/头）	猪体重（kg/头）
哺乳仔猪料	5	10
断奶仔猪料	10	10~18
保育仔猪料	20	18~30

保育的饲喂在整个生产环节中十分重要，保育仔猪脆弱的消化系统极易损伤，这些损伤往往是不可逆的，会影响猪一生的生长发育。所以，要从细节入手，通过调整保育猪的饲喂量、饲料过渡方式、饲料采食量统计与检测等环节入手，提高饲料报酬率，最终提高保育的转群重。为了换料不产生应

激，在饲料过渡时必须把原饲料和新饲料以相应比例混合饲喂，逐渐过渡（表6-2）。

表6-2　饲料换料时的过渡方案

日期	第一天	第二天	第三天	第四天
旧饲料（%）	75	50	25	0
准备换的新饲料（%）	25	50	75	100

第四节　保育环境控制技术

一、转猪前准备

1.猪舍消毒

清洁猪舍及各种饲养工具，待猪舍干燥后在整个猪舍喷洒消毒液，最好采取熏蒸消毒的方法，并在仔猪入舍前空置7d（图6-11、图6-12）。

图6-11　清洁的保育舍　　　　图6-12　清洁的食槽

2.猪舍生产设备检修

（1）饮水线。检查供水设备是否处于正常使用状态，水流量控制在0.5～1L/min。

（2）料线。检查料线是否处于正常使用状态。

（3）通风降温。检查保育通风降温设施如地暖、锅炉、水帘等控温设备是否处于能用状态。

（4）生产用具。检查猪舍生产用具及照明设施如铁铲、电灯等是否有损坏，若有损坏应通知相关部门进行维修，维修损坏的猪舍，如墙体、地面、门窗等。

3.时间安排

按照公司生产计划，提前通知接手方人员，落实好进猪数量，转猪时避开恶劣天气。

4.保健药物的准备

抗应激药物如多维、维生素C等（图6-13、图6-14、图6-15）。

图6-13　水线检查　　图6-14　料线检查　　图6-15　电路检查

二、环境控制

1. 猪舍温度

检查时间为每天刚上班和下班前，检查调整断奶乳猪保温或睡眠区域温度，第一周用暖箱或保暖篷布把温度保持在32℃，之后每周降低2℃；注意猪状况，如果过冷或过热，应调节猪睡眠区域的温度（图6-16、图6-17），猪舒适入睡，保育区适宜温度如表6-3。

表6-3　适宜温度

生产阶段	保育区				
周龄	4	5	6	7	8
温度（℃）	32	30	28	26	24

2. 猪舍湿度

控制猪舍内湿度范围在55%～75%为宜。

3. 有害气体

猪舍内二氧化碳气体浓度小于0.3%，一氧化碳气体浓度小于5mg/L，氨气气体浓度25mg/L，硫化氢气体浓度小于5mg/L。若有刺眼现象，应该加强通风换气，保持舍内空气清新。

4. 通风

检查进气口及排风扇是否正常运作，保证猪舍合适的通风量（图6-16、图6-17）。

图6-16 电脑控温　　　图6-17 人工加温

三、卫生管理

1. 舍内卫生管理

（1）猪舍地面。每天清理2次，采食与睡眠区保持无粪便无杂物。

（2）自动食槽。保持食槽清洁卫生。

（3）料槽滴水设施。饲养全程使用滴水设施，滴水速度保持在120滴/min，断奶前3周除正常的水滴外还要人工进行加水6~8次，保证仔猪能吃上湿拌料。

（4）水厕所。每天彻底清扫栏舍，保持栏舍清洁干燥；水厕每3d换1次。

（5）生产用具。每次使用完，要及时清洗，并放在指定位置。

（6）垃圾处理。下班前将垃圾堆放在场区指定位置集中焚烧。医疗垃圾必须做无害化处理。

（7）饲料的摆放。放料时不能直接放在地面上，要用木板垫高距离地面10cm高，距离墙壁30cm宽，整齐摆放，每用完一批就要清扫干净。

2.猪舍外围卫生管理

（1）每周必须对猪舍外围进行一次彻底大扫除。

（2）每周必须对猪舍外围下水道等进行有效的疏通，及时清理脏物、杂物等。

（3）每周必须对猪舍外围的蓄水池进行清洗消毒。

第五节　合理的饲养密度

猪在猪栏内所占的空间，直接影响猪群的生长情况。合理密度，即最小密度需求，以避免猪的生长性能受阻或相互恶意攻击，维护动物福利。

一、合理密度

猪群密度不是固定的，不同体重的猪对空间的需求不同，猪群的密度过大会阻碍其生长发育，猪群的密度过小会造成猪栏的空间浪费。猪场根据自身的情况选择合适的密度。

某猪场保育舍设计为2/3漏粪地板，其余为水泥地面，漏粪地板为猪的活动区域，水泥地面为睡卧休息区，每栏的面积为8m^2，共30栏。根据全进全出的制度，保证猪免疫的正常进行，同批次猪不在中途转入转出（图6—18、图6—19）。

猪群转入采用固定日龄减群法，方法如下。

（1）进猪前根据猪头数确定每栏放猪头数，共使用26栏，每批猪约有5%的弱猪，使用两栏，剩余两栏作空栏备用。

（2）45日龄左右时每栏减群1～2头最小的猪，使用一个空栏。

（3）60日龄左右时每栏再减群1～2头最小的猪，使用一个空栏，至此为止，空栏全部使用。

说明：在调群时尽量保证各栏的头数相同，病猪一旦发现及时调入病猪栏，在过程中会有1.5%的死亡，病猪调入病猪栏之后，备用栏头数约为20多头，并不会太多。

以上方法操作简便，只要保育后期的密度合适，猪群的生长不会受阻碍。

图6-18　保育前期　　　　　图6-19　保育后期

二、季节与饲养密度

在冬季和夏季各观察3批不同头数的猪，观察猪群生长情况与猪群密度的影响。

表6—4　夏季保育3个批次的生产数据

头数	转入日龄（d）	转入重（kg）	转出日龄（d）	转出重（kg）	料比	日增重（g）	45日龄前密度（头/m²）	45—65日龄密度（头/m²）	65日龄至转群密度（头/m²）
596	24	6.90	75	27.9	1.68	411	0.37	0.38	0.40
651	24	7.00	78	28.2	1.70	392	0.33	0.35	0.37
710	24	6.90	80	28.3	1.74	382	0.30	0.32	0.33

表6—4数据为2014年夏季保育3个批次的生产数据，生产成绩基本相同，根据实际设计与实践结合，每棚600～700头猪均为合适密度，但是夏季气温高，造成猪反情严重，所以，根据实际情况，夏季应控制在650头以下。

表6—5　冬季保育3个批次的生产数据

头数	转入日龄（d）	转入重（kg）	转出日龄（d）	转出重（kg）	料比	日增重（g）	45日龄前密度（头/m²）	45—65日龄密度（头/m²）	65日龄至转群密度（头/m²）
610	24	7.00	80	29.5	1.71	401	0.36	0.37	0.39
655	24	7.20	78	28.9	1.73	401	0.33	0.35	0.37
730	24	6.95	76	28.3	1.76	410	0.3	0.32	0.33

表6—5数据为2014年冬季保育3个批次的生产数据，冬季的气温低，可以适当增加猪群密度，根据实际情况可增加

$5\% \sim 10\%$。

根据生产成绩与实际饲养情况，自动化半漏粪地板的保育猪密度不可低于0.3m²/头，但是夏季猪群密度过大，会造成诸多不利因素，如反位严重、卫生差、死亡率高等，所以，夏季不可低于0.37m²/头。

第六节 不同性别猪只的生长性能

2012年年底，上海农场某猪场从法国ADN公司引进优质的法系种猪300多头，在场内实行封闭式的自繁自养。经过一年多的饲养，发现法国种猪不同日龄的采食量、料比、生长速度等与上海农场原有种猪存在差异。

在上海农场某猪场选取2014年4月出生、生长发育良好、体重在40~60kg的法系大白猪90头，按照性别分成3个组，分别为大白母猪30头、大白阉公猪30头、大白公猪30头，每组3个重复。专人负责饲养，自由采食干粉料，自由饮水。以测定站为一组单位饲喂，测定站进猪后一周的时间作为猪的驯化期。在这一周确保让所有猪知道进测定站采食。猪体重达100kg左右时测定活体背膘、体重、眼肌面积、眼肌高度。

一、试验开始前的分组

试验猪只在分组后进行方差分析，分析结果见表6-6。入试前每组之间体重差异不显著（P>0.05），分组有效。

表6-6　入试猪只平均体重

组别	头数	入试体重（kg）
母猪	30	55.46 ± 9.08^{a}
阉公猪	30	57.65 ± 5.67^{a}
公猪	30	50.51 ± 8.70^{a}

备注：同列上标小写字母不同表示差异显著（P<0.05），字母相同表示差异不显著（P>0.05）

二、平均采食量、料重比、日增重

猪进入测定站正式测定时间为65d，65d后所有猪只都达到了85kg以上。将3组猪在平均日采食量、料重比、平均日增重的信息（表6-7）进行方差分析，结果显示：

1. 料重比

阉公猪在30～120kg范围内的料重比显著地高于母猪和公猪（P<0.05）；而母猪和公猪之间的料重比不显著（P>0.05）。

2. 日增重

阉公猪在30～120kg范围内的平均日增重显著高于母猪和公猪（P<0.05）；而母猪和公猪之间的平均日增重也不显著（P>0.05）。

3. 日采食量

从平均日采食量上看，3组猪之间的差异不显著（P>0.05）。

表6-7　不同猪只平均日采食量、料重比、平均日增重间的比较

组别	平均日采食量（kg）	料重比	平均日增重（g）
母猪	2.27 ± 0.37^{a}	2.79 ± 0.37^{a}	789 ± 116^{a}

（续表）

组别	平均日采食量（kg）	料重比	平均日增重（g）
阉公猪	2.52 ± 0.56^a	3.21 ± 0.56^b	704 ± 104^b
公猪	2.16 ± 0.32^a	2.87 ± 0.35^a	773 ± 139^a

备注：同列上标小写字母不同表示差异显著（$P<0.05$），字母相同表示差异不显著（$P>0.05$）。

三、活体背膘、眼肌面积、眼肌高度

对猪到达85kg以上时，测定其活体的体重、背膘、眼肌面积、眼肌高度，测定结果见表6-8不同猪的体重、背膘、眼肌面积、眼肌高度间比较。结果显示：

（1）对其结束测定的体重进行方差分析，显示测定结束时3组猪只在体重上差异不显著（$P>0.05$）。

（2）对其活体背膘、眼肌面积、眼肌高度进行方差分析，结果显示差异也不显著（$P>0.05$）。

表6-8　不同猪只结束时体重、背膘、眼肌面积、眼肌高度间比较

组别	结束体重（kg）	背膘厚度（cm）	眼肌面积（cm²）	眼肌高度（cm）
母猪	106.99 ± 14.06^a	1.090 ± 2.15^a	$36.95 \pm 4.82a$	4.93 ± 0.63^a
阉公猪	105.95 ± 25.70^a	1.306 ± 2.39^a	$37.60 \pm 3.84a$	5.09 ± 0.59^a
公猪	104.72 ± 14.69^a	1.3488 ± 4.25^a	$35.91 \pm 4.49a$	4.78 ± 0.53^a

备注：同列上标小写字母不同表示差异显著（$P<0.05$），字母相同表示差异不显著（$P>0.05$）

四、体重与采食量间比较

对表6-7中显示的阉公猪的平均日采食量和料比偏高的现象，进行进一步的分析。对上述3组猪按照不同的体重（每10kg一段）分别进行方差分析（表6-9、图6-20），结果显示：

（1）随着体重的上升采食量呈现快速上升的趋势，但是不同的猪上升的速度不同，阉猪从90～100kg开始采食量上升的非常迅速，显著高于母猪和公猪（P<0.05）。

（2）从120～130kg的猪来看，其采食量都明显有所下降，可能是因为这个阶段的猪达到了性成熟，开始发情。由于激素的作用，导致采食量下降。

（3）公猪在80～90kg这个阶段采食量有个明显的下降的过程，查了相关的台账记录，发现该栏猪在该阶段的时候全群咳嗽、体温升高，从而导致其采食量下降。

表6-9　不同猪只不同体重间日采食量间比较

编号	体重（kg）	日采食量（kg）		
		母猪	阉猪	公猪
1	40~50	1.87 ± 0.32	1.93 ± 0.25	2 ± 0.63
2	50~60	1.97 ± 0.22	2.18 ± 0.12	2.20 ± 0.24
3	60~70	2.17 ± 0.24	2.25 ± 0.32	2.30 ± 0.25
4	70~80	2.21 ± 0.30	2.30 ± 0.46	2.48 ± 0.36
5	80~90	2.38 ± 0.47 [a]	2.44 ± 0.52 [a]	2.20 ± 0.65 [b]
6	90~100	2.59 ± 0.56 [b]	2.84 ± 0.77 [a]	2.46 ± 0.58 [b]
7	100~110	2.52 ± 0.12 [b]	3.23 ± 0.56 [a]	2.47 ± 0.38 [b]
8	110~120	2.79 ± 028 [b]	3.79 ± 0.25 [a]	3.16 ± 0.69 [b]
9	120~130	2.72 ± 0.56 [b]	4.02 ± 0.34 [a]	2.86 ± 0.45 [b]

备注：同行上标小写字母不同表示差异显著（P<0.05），字母相同表示差异不显著（P>0.05）

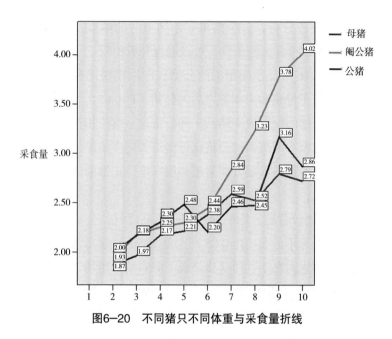

图6-20 不同猪只不同体重与采食量折线

1. 30~40kg体重；2. 40~50kg体重；3. 50~60kg体重；4. 60~70kg体重；
5. 70~80kg体重；6. 80~90kg体重；7. 90~100kg体重；8. 100~110kg；
9. 110~120kg；10. 120~130kg

五、不同性别猪只的生长性能

（1）对入试体重和结束测定时的体重进行方差分析，结果都为差异不显著（P>0.05）。

①入试体重差异不显著（P>0.05），表示3个组（母猪、阉公猪和公猪）在实验前体重一致，符合试验条件。

②虽然在试验开始时3个组的条件是一致的，但是经过65d的饲养，之后的活体背膘、眼肌面积、眼肌高度间比较的前提条件是否也一致，是不是具有可比性。所以，又对结束时的体

重进行了方差分析,分析结果显示结束时的体重差异不显著
(P>0.05),符合试验条件,可以进行分析比较。

(2)表6-7显示阉割后的公猪在中后期料比和平均日增
重都显著高于母猪和未阉割之后的公猪(P>0.05)。这一结果
与罗军的公猪的饲料效率略高于阉公猪这一结论相符。分析其
原因可能是因为阉割后的公猪比母猪需要更多的维持能量,阉
猪采食大量的饲料大部分能量被利用来维持正常的体温而不是
为组织生长。

(3)比较背膘、眼肌面积和眼肌高度时,公猪、母猪和
阉猪之间差异不显著(P>0.05)。这一结论与蔡兆伟的并不一
致。分析其原因在于,所选猪来自上海农场种猪场,由于其场
内长期对猪进行选种选育。对同一品种而言,背膘、眼肌面
积、眼肌高度等性能指标具有高度的一致性,说明该群体的均
一度较高。

(4)表6-7中显示出阉割后的公猪平均日增重和料比较
较高,但是从哪个阶段开始阉公猪的饲料利用率开始下降的
呢?进一步分析图6-20,不同猪不同体重与采食量折线图,
分析显示:阉公猪从90~100kg体重开始的采食量会明显高于
公猪和母猪,这就提示我们,一方面阉公猪在达到上市体重
时,尽可能早的出售,可以降低料重比,降低成本;另一方面
如果由于市场原因暂时不能销售,我们可以提前进行限饲。虽
然限饲可能会造成日增重的下降,但是料比还是会下降,从而
提高整体效益。

第七节　液体饲料饲喂技术

液体饲喂是指利用液体媒介，主要是水或脱脂奶粉及乳清配制的液体，也包括任何合适的液体副产品，以悬液的方式将固体（通常为粉状）营养物质后者或者一些副产品输送到猪的采集点的饲喂方式。

液体饲喂又称为管线饲喂，近来则称为电脑控制液体饲喂，不能与干/湿饲喂技术相混淆。在干/湿饲喂技术中，猪用鼻子移动或按压阀门使水流入料盘中，将饲料打湿或液化。

一、液体饲喂技术的现状及问题

1. 安装成本

在很大程度上依赖于现有猪舍的改造程度，在与当前的干料饲喂系统相比可能要高出4～8倍。

2. 技术要求

技术精湛且训练有素的优秀员工必不可少，进行严格的清洁是很必要的，且需要采用新鲜、少量、多次的饲喂方式。

3. 容量和质量

必须注意监测原料的容量。随时监测副产品的营养含量和保质期。

4. 有害的发酵

断奶仔猪料和母猪料会产生有害发酵，但对生长育肥猪则不会有影响，经验和注意可以避免大部分的问题。

5. 通风

安装液体饲喂时需要对通风设施进行专业的检查，因为，液体是一个产生湿气的过程。

6.堵塞

可能会发生堵塞，但是由能够设计出风险控制点的专业人士安装，并配备了发生阻塞时简易补救措施的设备是很少见的。

7.猪过肥

猪从采食干料转化为采食液体饲料后会出现过肥的现象。特别是使用短料槽进行自由采食时，可以通过调整饲料的营养浓度来适应猪采食量的增长，从而纠正这一问题。

二、液体饲喂对猪生长性能及消化生理的影响

1.对生长猪采食量的影响

液体饲喂常常会造成猪采食大量的水分，影响干物质的采食，所以应该采用自由采食或者增加采食次数的方式，才能保证生长猪对干物质的采食量。表6-10给出了不同体重的猪液体饲料的日采食量。

表6-10　不同体重猪液体饲料平均日采食量

体重（kg）	日采食量（L/d）
10~20	2~4
20~40	4~8
40~60	5~10
60~100	9~14
泌乳母猪	30~50

注：1.资料来自MLC（2003）；2.液体饲料的干物质含量24%~25%，猪自由采食

2. 对饲料营养物质消化率的影响

Dung等（2005）针对液体饲喂对营养物质消化率的研究表明，液体饲料、液体饲料添加酸化剂以及发酵液体饲料和干粉料相比，能够提高饲料中干物质、有机物、粗蛋白质和粗脂肪的消化率；液体饲料添加酸化剂后，可以提高干物质和粗蛋白质的消化率，但是对有机物和粗脂肪的消化率没有促进作用（图6-21）。

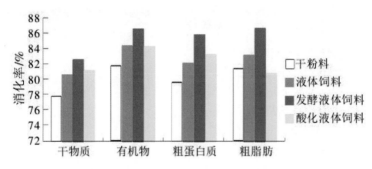

图6-21 液体饲喂对饲料营养物质消化率的影响

Guelph大学（2007）研究发现，在液体饲料中植酸酶的效价被放大4倍。常规饲粮中玉米磷的利用率为15%，而液体饲粮高达45%；在湿玉米或玉米浸液中添加植酸酶，超过85%的植酸磷被释放；因此，以湿玉米为基础的液体饲粮总磷生长猪降到0.47%，肥育猪降到0.39%，生产性能不受影响；仔猪液体饲粮的总磷前期降到0.60%、后期降到0.54%时，生产性能正常。从而减少了对环境的磷污染。

3. 对生长性能的影响

与干粉料相比，液体饲喂可以提高猪的生长性能。Jensen

等（1998）总结了9个试验的结果，液体饲喂比传统干粉料饲喂生长肥育猪日增重增加4.4%，饲料转化率提高6.9%；另外，他们还对饲喂干粉料、液体饲料、发酵液体饲料的猪进行对比发现，饲喂发酵液体饲料的猪在生长性能方面优于饲喂液体饲料的猪，两者生产性能都要好于饲喂干粉料的猪，见表6-11。

表6-11　饲喂不同形态饲料的猪生长性能对比

项目	样本数（头）	平均日增重（g）	料重比变化（%）
液体饲料与干粉料对比	10	+12.3	-4.1
发酵液体饲料与干粉料对比	4	+22.3	-10.9
发酵液体饲料与液体饲料对比	3	+13.4	-1.4

（资料来源：Jensen等，1998）

Hurst等（2001）研究表明，随着水料比增加，生长猪干物质采食量、消化能的摄入量以及屠宰率都降低（$P<0.05$），但是生长猪的日增重和饲料转化率显著增加，见表6-12。

表6-12　液体饲喂对猪生长性能的影响

项目	干粉料	料水比		
		1：1.5	1：3	1：3~4
日采食量（g）	2000b	1998b	1935a	1942a
日增重对应的消化能摄入量（MJ）	28.9b	26.5a	25.5a	25.0a
日增重（g）	962b	1041ab	051a	1091a
日瘦肉生长速率	464	495	490	487

（续表）

项目	干粉料	料水比		
		1:1.5	1:3	1:3~4
料重比	2.09c	1.94b	1.87ab	1.79a
屠宰率（%）	76.4a	72.6b	71.1b	72.0b

注：同行肩标字母不同表示差异显著（$P<0.05$），字母相同表示差异不显著
（$P>0.05$）
（资料来源：Hurst等，2001）

MLC（2004）研究了液体饲喂对34~103kg阶段猪生长性能的影响发现，液体饲喂可以显著提高生长猪（34~64kg）的日增重和饲料转化率，但是对肥育猪生长性能没有促进作用。值得注意的是，液体饲喂降低猪屠宰率，增加背膘厚度，见表6-13。

表6-13　液体饲喂对34-103kg阶段猪生长性能的影响

项目	生长阶段	干颗粒料	液体饲喂	P
日增重（g）	生长猪	656	717	***
	肥育猪	831	853	n.s
	生长全期	754	796	***
料重比	生长猪	2.24	1.79	***
	肥育猪	2.89	2.76	n.s
	生长全期	2.53	2.20	***
屠宰率（%）	—	74.6	74.0	**
背膘厚（mm）	—	11.39	11.45	—

注：***表示差异极显著（$P<0.01$），**表示差异显著（$P<0.05$），n.s表示差异不显著（$P>0.05$），下同
（资料来源：MLC，2004）

然而，与欧洲以小麦和大麦为基础饲粮的液体饲喂研究相反，在加拿大以玉米为基础饲粮的一项研究中，没有发现在液

体饲喂条件下猪生长性能的改善，只有在饲粮中使用发酵工业的副产品时，才显露出发酵液体饲料的优势。另外，液体饲喂多采用自由采食的方式，被证实是可以增加肌肉嫩度，然而，由于增加脂肪沉积，有可能降低肉的等级（Kees等，2008）

4. 对猪消化生理的影响

液体饲喂的猪采食量大大增加，因此造成消化道结构的变化。Hurst等（2001）研究了不同的料水比例对仔猪断奶后消化道结构的影响，随着饲料中水分含量增加，小肠和回肠的长度增长，同时，也增加了胃、小肠和回肠的质量。另外，饲喂液体饲料能够增加断奶猪肠道表面积，显著增加小肠绒毛表面积和绒毛增殖因子（$P<0.05$），见表6-14。

表6-14　饲粮处理对断奶后40d肠道表面积的影响

项目	液体料	干粉料	差异	P
基本表面积（m^2）	0.64	0.63		n.s
绒毛表面积（m^2）	2.85	2.21	+29%	**
绒毛增殖因子	4.46	3.50	+27%	***
总面积（m^2）	54.90	33.70	+63%	***
每千克肠的表面积（m^2）	4.32	2.79	+55%	***

（资料来源：Hurst等，2001）

三、发酵液体饲料发酵控制的研究

1. 发酵原料的选择和成本优势

目前，用于发酵液体饲料的原料非常丰富，尤其是近几年发酵乙醇工业的兴起，为液体发酵饲喂提供了广阔的空间

（表6-15）。大量的发酵副产品（大豆乳清浆、玉米浆等）都含有丰富的可利用的营养物质，然而却被作为废物排放掉，不仅给环境造成巨大污染，还造成了巨大的浪费。荷兰在这方面做得最好，虽然荷兰猪肉的年产量仅162万t，但在荷兰每年有650万t的食品加工副产品被利用，其中，35%用于喂猪。

表6-15　可用于发酵液体饲料的发酵副产品

发酵产品	副产物成分
奶制品工业副产物	乳清浆、酸奶洗出物、冰激凌洗出物
大豆分离蛋白	大豆乳清浆
淀粉工业副产物	玉米浆、小麦和土豆淀粉浆
玉米酒精发酵副产物	DDGS
味精发酵副产物	菌体蛋白
啤酒发酵副产物	酵母液

与此同时，可以用于半固态发酵利用来喂猪的原料有：豆渣，啤酒糟，酒糟，食用菌糠，米饭为主的潲水，屠宰下脚料，淀粉渣，薯渣等，数量巨大。还有一些未成熟的谷物，比如玉米棒、卷曲的谷物和豆类等。

在加拿大湿玉米用量很大，湿玉米（high moisture corn）含水分通常是30% ~ 40%。加拿大Guelph大学的研究表明，液体饲料中玉米浸液CSW（加植酸酶）用量可以达到15%（干物质）；乳清浆在乳猪第3阶段最多用到干物质的20%。饲喂大量副产物时，要配备饮水装置，保证猪正常饮水，因为有些副产品盐分很高。玉米中钾的含量为0.37%，但是玉米发酵副产物—玉米浸液（CSW）中含量高达4.5%。饲粮中钾含量超过

3%时可引起中毒（NRC，1988），造成猪肾脏损伤，因此，钾含量过高将限制玉米副产物的应用。另外，需要考虑原料批次之间的变异；应该测定干物质和营养物质的含量，用于调整饲料配方（Kees等，2008）。

由于大量副产品的使用，饲料成本和猪肉生产成本会降低。MLC（2004）对欧洲的统计表明，使用副产品的液体饲料每千克干物质饲料成本可以降低13.4便士，随着谷物价格的上涨，这种差别会增大。

Ken Watkins等（2007）对加拿大安大略省65头基础母猪液体饲喂猪场成本统计显示，用乳清浆作发酵原料时，每吨饲料成本能够降低12.4加元。

中国有巨大的食品、乙醇发酵工业副产物，2006年全国年产DDGS 200万t以上（烘干后），每吨DDGS的干燥成本在1 000元左右，如果在DDGS烘干前直接用于液体饲喂，将会节约大量的能源。

2. 发酵控制和发酵参数

经过近20年的研究，欧洲摸索出常规液体饲料发酵参数，发酵温度是25～30℃，pH值4.5，发酵时间通常为12～24 h，水料比是2.6∶1，发酵液最终的干物质含量通常为20～35%，另外，在发酵之前通常接种乳酸菌或者添加酸化剂。

关于发酵温度，25～30℃在实际生产中因成本太高而不容易实现。丹麦农业部Foulum研究中心采用半保留的发酵方式，即每次使用发酵产物的50%，另一半再与新的原料混合发酵。该发酵方式在温度不低于15℃的情况下8 h便可使用。

Geary等（1998）指出，在发酵的起始期，补充热量是必要的。

加拿大Guelph大学试验证明，发酵可以降低pH值，这是发酵饲料的优点之一，当乳酸发酵使pH值降到4以下时，12h内就能杀死饲料中的沙门氏菌和大肠杆菌；当然，较低的pH值也可以通过添加有机酸来实现。

由于环境和饲料中自然存在微生物，干料和水混合后，即产生发酵，将淀粉和糖转化为乳酸、乙酸等有机酸或酒精；控制好的发酵会提高适口性和饲料消化率；如果发生不良发酵，产生大量的乙酸会使适口性降低。丹麦的一项研究结果表明，生成乳酸所需的饲料能量仅是生成乙酸所需的3%，也就是说大量的乙酸生成会降低饲料的能值。乙酸的生成与二氧化碳过量释放而致的泡沫有关（PIGINT，1998）。

值得关注的是，液体饲料发酵过程中氨基酸有可能被降解，大肠杆菌和沙门氏菌能够产生赖氨酸降解酶，使赖氨酸脱羧成五甲烯二胺（戊二胺）—尸胺。Canibe（2003）的一项体外试验研究表明，在发酵96~108h后，30%以上的赖氨酸等合成氨基酸在液体饲料发酵过程中被降解，（笔者注：但在接种人工菌种如粗饲料降解剂的固态发酵饲料中，这种情况不会出现，因为水料比仅为1∶1的固态发酵比液体发酵，能够更好地控制大肠杆菌和沙门氏菌的繁殖），见表6-16。

另据Stewart（2005）的试验结果，发酵21h，赖氨酸被大肠杆菌代谢掉大约90%；接种人工菌种如乳酸菌后可以降低赖氨酸的损失，但是7h之内，仍然有20%被代谢；通过控制发酵饲料的pH和乳酸含量，减少合成氨基酸的损失，在发酵最初添加乳酸，可以保护赖氨酸完全不被代谢，因此，建议氨基酸的添加应该避开发酵最初的7h。

表6-16　发酵96-108 h氨基酸的降解率

项目	总氨基酸降解率（%）	游离氨基酸降解率（%）
赖氨酸	5～9	26～34
苏氨酸	12～13	31～38
蛋氨酸	17～19	31～42

四、发酵液体饲料对肠道微生态的影响

发酵液体饲料由于能将饲料的pH值降到4以下，因此，显著降低胃中的酸度。Moran等的研究表明，发酵液体饲料能够使断奶仔猪胃中的pH值降低2个单位。Jensen等（1998）发现，饲喂发酵液体饲料未能明显改变整个消化道的乳酸菌的数量，但显著降低小肠后部、盲肠和结肠中大肠杆菌的数量。

Brooks（2005）研究显示，仔猪饲喂接种乳酸菌的液体饲料，明显降低肠道后段和粪便中的大肠杆菌数量，而且接种的乳酸菌可以在仔猪的粪便中找到。

哺乳母猪饲喂接种猪源乳酸菌的发酵液体饲料，降低粪中的大肠杆菌数量，同时，增加了初乳中免疫球蛋白的含量，促进了淋巴细胞和上皮细胞的有丝分裂活动，说明母猪饲喂发酵液体饲料能够减少病原微生物的垂直感染。

王金全（2007）分别用接种两种乳酸菌P.acidi-lacti和L.acidophilus的发酵液体饲料饲喂断奶仔猪，观察到接种外源乳酸菌并没有影响粪便中乳酸菌的数量，进一步的研究表明，外源乳酸菌并没有在仔猪的回肠和结肠定植。然而，接种乳酸菌后回肠和结肠的微生物区系在仔猪个体间的差异变小。

荷兰320个农场的调查统计发现，饲喂发酵液体饲料可使大肠杆菌的隐性感染率降低1/10，饲喂酸乳酪的效果更为明显（Tielen等，1997）。丹麦农业部Foulum研究中心的Jensen报道，饲喂发酵液体饲料的猪群沙门氏菌病的暴发次数要明显少于饲喂干粉料的猪群。Winsen等（1997）的研究发现，胚芽乳杆菌（L.plantarum）发酵猪饲料的头2h内具有抑菌作用，以后就表现出杀菌效果，6h后就检不出鼠伤寒沙门氏菌，没有发酵的饲料中存在鼠伤寒沙门氏菌，并在储存10h内繁殖。

Brooks教授（2006）对丹麦、德国、希腊、瑞典等国1999年沙门氏菌病的发病情况统计表明，饲喂干粉颗粒料的猪发病率为8.2%，干粉料无制粒为4.2%，液体（湿）料为1%；Bush（1999）发现饲喂颗粒饲料的肥育猪比饲喂粉料的猪感染沙门氏菌的几率增加26倍。Von等（2000）证实颗粒饲料是沙门氏菌感染的一个重要原因。有两个假说可能能解释这种现象：一是制粒的热效应对饲粮中非淀粉多糖组分的改变使沙门氏菌更容易在肠道内定植；二是非病原性的沙门氏菌排斥病原性沙门氏菌，饲料中非病原性沙门氏菌的消除将使病原性沙门氏菌更有机会定植。

荷兰的研究表明，饲喂发酵液态饲料特别是当饲喂发酵的乳清时可降低沙门氏菌亚临床感染（Tielen等，1997；Van der Wolf等，1999）。当液体饲粮中含副产品乳清浆时，沙门氏菌的血清阳性反应降低5倍。发酵液体饲喂如果接种乳酸菌，温度控制在30℃，发酵24 h产酸效果较好，饲料pH值降到4左右。当发酵液中乳酸浓度在70mmol/kg时，能抑制沙门氏菌的生长；当乳酸浓度大于100mmol/kg时，pH值能够降到4以下，可以杀灭大部分包括沙门氏菌在内的病原菌。然而，在不接种乳酸菌时，凭借自然发酵产生乳酸的浓度在140mmol/kg以下，所以不能依赖这种天然产酸方式来杀菌，一定要接种人工乳酸菌种才行。

综上所述，发酵液体饲喂作为一种逐渐兴起的饲喂技术，具有节约成本、提高饲料适口性和营养物质的消化率、抑制和杀灭病原菌以及节省劳动力和降低粉尘等诸多优点，但饲喂发酵液体饲料对猪肠道健康、屠体质量、营养排放、动物福利和生产效率的影响还缺乏更系统全面的研究。对于食品工业副产物的营养价值、关键致病菌的含量和某些化学物质的含量也缺乏相应的系统数据。相信随着发酵液体饲料生产技术的不断完善，最终会被养猪生产者普遍接受和广泛使用。

第七章　种公猪精液生产管理

第一节　高、低温季节种公猪精细化饲养技术

在夏季高温和冬季低温季节，很多猪场种公猪的精液质量都会有不同程度的下降，直接影响到母猪配种与产仔成绩，这说明种公猪健康及精液品质受温度的影响非常明显。如何在高、低温季养好种公猪，是保证公猪精液质量的基础，下面主要从高、低温季节分开探讨种公猪的精细化饲养管理。

一、夏季高温季节饲养管理

夏季高温时，由于猪的汗腺不发达，耐热性能差，易产生热应激反应，当环境温度超过30℃且持续时间超过一周以上时，种公猪的性欲明显减退，精液品质下降，采精量减少，精子的体外保存时间明显缩短。公猪长时间处于热应激生活环境下，还可导致精子发育不良和精子受损，睾丸生精机能发生障碍，进而造成种猪种用年限缩短和种用价值降低，严重时还可造成睾丸生精机能永久性丧失。同时，高温也是诱发公猪发生睾丸炎的重要因素。因此，夏季公猪的饲养管理显得尤为重要，必须要做好以下几个方面的工作。

1. 提高日粮营养浓度

高温热应激条件下，种公猪的日常采食量一般会有不同程度下降，造成能量、蛋白质等营养物质摄入不足。因此，进入夏季高温时期，要注意调整饲料中的日粮配方，提高能量和蛋白质水平，保证种公猪可以维持正常繁殖的营养水平。

（1）增加饲料蛋白含量。增加饲料中粗蛋白含量，并适当降低饲料中碳水化合物的含量能提高饲料利用率，减轻高温季节猪的散热负担，在种公猪饲料中添加2%～5%的油脂；另外也可增加动物蛋白，如每天每头公猪可增喂2个鸡蛋。

（2）增加饲料中锌及维生素的添加量。增加饲料中锌的添加量，可以避免因夏季食欲下降，致使锌的摄入量减少而引起繁殖机能下降。每年高温来临时可以饲料中添加赖氨酸锌等添加剂，同时，补充维生素C、维生素E和小苏打有助于维持正常生理需要，具有较好的抗应激效果。

（3）添加抗应激药物。适当添加抗热应激药物，可以缓解种公猪的热应激。如可选用开胃健脾、清热消暑功能的中草药，另外，可在饮水中添加电解多维，口服补液盐等药物。

（4）保证饲料质量。夏季高温高湿，饲料易发生霉变，应注意保持饲料的新鲜度，以及存放的环境干燥通风，同时搞好料槽及圈舍卫生，定期清洗水槽消毒。禁止饲喂发霉变质饲料，还可每天添加饲喂适量的青绿多汁饲料，既能提供丰富营养，又能缓解热应激。

2. 做好防暑降温工作

（1）搭设遮阴棚。可在公猪圈舍上方搭建棚架，并在圈舍周围种植些攀爬植物，或在棚架上铺设遮阳网，或在猪舍南边种植高大绿树，都可起到防晒遮阳、降低猪舍温度的作用，还可定时向屋顶喷水降温。

（2）采取淋水、滴水降温。在猪舍内架设自动喷淋设施，当猪舍温度较高时，定时对圈舍进行喷雾降温。敞开式猪舍可采用滴水降温措施比较适用。此外，可安装排风扇增加通风等措施，促进猪体散热。

（3）采用湿帘负压风机或安装空调来降温。规模化猪场一般都会在公猪舍安装湿帘和负压风机通风降温系统，在夏季高温季节能起到较好的降温效果，在最炎热的时候仅凭湿帘降温可能还达不到理想效果，则需增加喷淋等其他辅助降温措施。有条件的公猪站，也可在公猪舍内安装空调来降温。

（4）在高温情况下，公猪饮水量大增，要为其提供充足、清凉的饮水。注意猪舍饮用水管要深埋地下，不能暴露在阳光下直晒，否则，会增加水温，不利于公猪饮用。

3.调整各项管理时间

（1）配种采精时间和频率。公猪采精或配种应安排在凉爽时间段，最好在清晨7点前进行。高温季节公猪采精频率以3d 1次为宜。本交配种频率也应以每3d 1次为宜，最多不要超过每2d 1次。

（2）饲喂时间。夏季在每天气温较低时饲喂，同时，增加饲喂量。猪一般在喂料后1~2h达到产热高峰，如果在中午饲喂，14：00产热最高，此时，正值每天中气温最高的时候，很容易产生热应激。因此，夏季应调整种公猪的饲喂时间，早餐宜早，可，6：00左右；晚餐要晚，宜在傍晚19：00左右。

二、寒冷季节饲养管理

同样，寒冷季节公猪也会受到冷应激影响，造成公猪体质变差、性欲低下、精液质量下降等问题。因此，寒冷季节一定要做好公猪的防寒保暖工作。

1. 做好公猪的防寒保暖工作

可通过各种措施来提高猪舍温度，如使用热风炉、煤炉、暖气等设备提供热源提高舍温；也可以安装地暖或添加垫草来保温。在保温的同时，应注意保持通风，以保证圈舍空气清新、干燥，从而防止由于环境的恶化造成呼吸道疾病的发生以及因潮湿阴冷而导致风湿的发生。

2. 提高采食量

一般来说，公猪在冬季的营养需求高于其他季节，冬季由于公猪要保持体温，机体维持需要增加，可适当提高饲粮的能量水平，可在原来饲料能量水平的基础上提高10%左右。

3. 保证饲料的质和量

不喂发霉、变质、腐败、冰冻、有毒等饲料，冬季要尽量做到"定时、定量、定质、定温"饲喂。另外注意公猪的饮水温度不能太低。

4. 做好冬季公猪的防疫保健

冬季是猪病多发季节，同时，猪舍内门窗关闭，通风不畅，比较干燥，更容易造成各种疾病发生，如呼吸道疾病、传染性胃肠炎、流行性腹泻、口蹄疫、流感等，可通过疫苗预防和营养保健双管齐下来减少疾病的发生。另外，冬季猪的寄生虫较为多发，因此，冬季也要加强公猪体内外寄生虫的预防。

5.做好消毒工作

猪舍冬季因为保暖处于一个相对封闭的环境中，容易造成微生物、病菌的大量繁殖，所以适当的消毒也很重要。注意消毒的时间应放在一天内温度最高的时间段进行。

三、其他管理工作

公猪站在一年四季都要做好如免疫、消毒、疾病防控、运动、健康及精液品质检测等管理工作。

第二节　采精技术

一、采精室设置

（1）采精室地点在近公猪舍。面积以4m×4m为宜，高2.4m，设吊顶，四周瓷砖，便于卫生消毒（图7-1、图7-2）。装紫外线灯管两支，设置空调和排风扇。

（2）设假母台一个，台后公猪站立处地面成波纹状，或放置防滑垫等，以防公猪滑倒（图7-3）。

（3）在假母台左侧设防护栏，以保护采精员的安全。

（4）采精室与精液处理室的墙壁上开设传递窗：60cm×60cm。

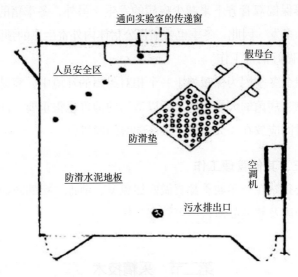

图7-1 精液采集区（4m×4m）

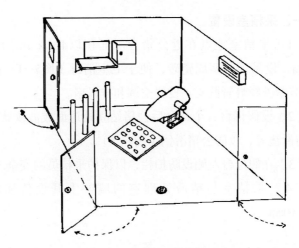

图7-2 精液采集区布局

图7-3　人工采精使用的假畜台

二、采精（徒手）操作规程

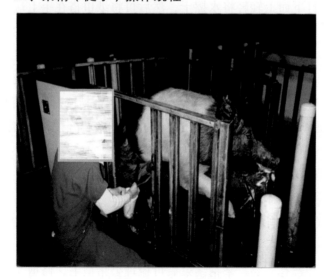

图7-4　人工采精操作

人工采精规程（图7-4）。

（1）采精员从实验室与采精室之间的壁橱内，从手套盒里抽取手套，右手戴上2~3层PE手套。

（2）挤包皮积尿。公猪爬上采精台后，首先要迅速挤完公猪包皮内的积尿，然后用湿毛巾擦拭包皮处，最后用干毛巾擦干。

（3）当用右手采精时，要位于公猪左侧（左手采精时，要位于公猪右侧），呈半蹲姿势，与公猪平行向前，便于随时观察公猪的状态。

先按摩公猪阴茎，待其阴茎伸出后，脱去第一层手套，用大拇指、中指和无名指握住阴茎倒数第二和第三螺旋处，此时，用预热好的38℃双蒸水自上而下冲洗阴茎，再用干净的纸巾自下而上轻轻将水擦干，然后可将纸巾搭在手上端的阴茎处，这样纸巾就可以吸收采精过程中公猪产生的其他液体杂质。

（4）公猪射精时，待精胶和精清差不多射完，精液呈乳白色后，再用采精杯收集富精部分，要保证精液射在采精杯的6层滤纸上。待一次射精完成，可用大拇指轻轻按摩公猪阴茎头，促使其第二次甚至其后的第三次射精，一定要有耐心，保证公猪射精完全。

（5）采精后工作。

①采精结束后，不要立刻放开阴茎，要顺着阴茎收缩的方向，慢慢将其送回。将精液及时送到实验室进行稀释。

②若有需要，采精结束后可梳理公猪被毛，修剪其阴毛

等，并给予熟鸡蛋、青饲料奖励。

③最后，要把采精室卫生打扫干净，包括采精室地面、丢弃的手套、纸巾等。

（6）采精期间不准殴打公猪，防止公猪出现性抑制。

（7）公猪采精调教。

①后备公猪7月龄开始进行采精调教。

②每次调教时间不超过15min。

③一旦采精获得成功，分别在第二天和第三天再采精1次，进行巩固掌握该技术。

④采精调教可采用发情母猪诱导、观摩有经验公猪采精、以发情母猪分泌物刺激等方法。

⑤调教公猪要有耐心，不打骂公猪。

⑥注意公猪和调教人员的安全。

（8）采精频率：8～12月龄公猪每周1次；12～18月龄青年公猪每2周采3次；18月龄后每周采2次。所有采精公猪即使精液不使用时，每周也应采精1次，以保持公猪性欲和精液的质量。

三、自动采精系统

近年，随着规模化公猪站的建设，节省人工、提高效率、减少污染的自动采精系统在国内外逐步使用起来。预计未来大型规模种公猪站大部分将采用自动采精系统（图7-5）。

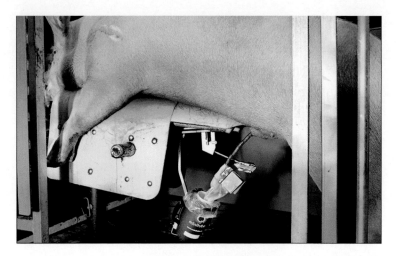

图7-5 自动采精系统

第三节 精液稀释技术

一、稀释液配制操作规程

（1）为了保证质量，精液站使用的商品精液稀释剂必须将其保存在5～10℃的冰箱中，注意防水、防潮。

（2）根据当天精液生产计划，确定精液稀释液的配制量，从冰箱中取出相应的精液稀释剂，置于室温中。

（3）把一次性稀释液倒入稀释容器中，用电子秤准确称取1 000ml或2 000ml蒸馏水（注意容器去皮），置于35℃恒温水浴槽中加热。

（4）待蒸馏水加热到30℃时，将1∶1规格使用的精液稀释剂完全倒入相应的蒸馏水中，必要时可用水冲洗精液稀释剂袋内壁。

（5）在稀释容器中放入磁力搅拌子，用磁力搅拌器搅拌30min（不必加热），以帮助稀释剂溶解。

（6）将配制好的稀释液放入35℃的恒温水浴槽中水浴加热，确保使用前稀释液整体加热到35℃。

（7）稀释液应在配制好的4h（或根据具体产品要求时间）后使用，以保证其中的pH值和渗透压以及其他离子浓度达到稳定；没有使用完的稀释液可存放入冰箱4℃保存，不超过48h，48h后，应在使用前加入抗生素。

二、精液稀释注意事项

（1）精液采集后应尽快在15min内开始稀释。

（2）未经品质检查或检查不合格（活力70%以下）的精液不能稀释。

（3）一般情况下稀释液应预热至33～37℃，以精液温度为标准来调节稀释液的温度，绝不能反过来操作。

（4）稀释时，将稀释液沿盛精液的杯壁缓慢加入到精液中，然后轻轻摇动或用消毒玻璃棒搅拌，使之混合均匀（图7-6）。

（5）如作高倍稀释时，应先进行低倍稀释〔1：（1～2）〕，稍待片刻后再将余下的稀释液沿壁缓慢加入。

（6）活率≥0.7的精液，一般按每个输精剂量含40亿个总精子，输精量为80～90ml确定稀释倍数，例如：某头公猪一次采精量是200ml，活力为0.8，密度为2亿个/ml，要求每个输精剂量是含40亿个精子，输精量为80ml，则总精子数为

200ml×2亿个/ml=400亿个，输精头份为400亿÷40亿=10份，加入稀释液的量为10×80ml−200ml=600ml。

（7）稀释后要求静置片刻，再作精子活力检查，如果精子活力低于70%，不能进行分装。

（8）混精的制作。同品种两头或两头以上公猪的精液1∶1稀释或完全稀释以后可以做混精。做混精之前需各倒一小部分混合起来，检查活力是否有下降，如有下降则不能做混精。把温度较高的精液倒入温度较低的精液内，每一步都需检查活力。

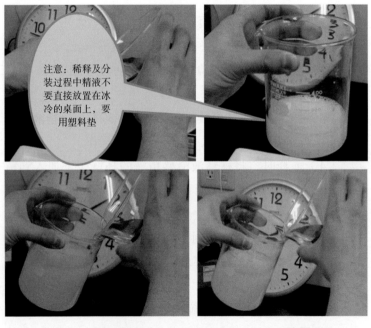

注意：稀释及分装过程中精液不要直接放置在冰冷的桌面上，要用塑料垫

图7-6 人工稀释操作过程要慢、均匀，并保持精液晃动

第四节 精液检测实验室

一、精液检测室设置有要求

（1）精液检测面积一般在20m²左右，面积大可分为两间，一间为操作室，一间为仓库。室内要有吊顶，四周及地面须贴瓷砖。须配备空调。

（2）外间设自动双重纯水蒸馏器2～3台，自制蒸馏水。设紫外线两支。

（3）里间为精液处理操作室，中间工作台，东西两侧设工作平台（图7-7）。

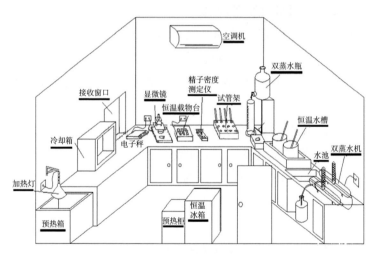

图7-7 精液检测室

（4）在工作平台上设置的设备（图7-8）。恒温冰箱（17℃），恒温水槽，磁力搅拌器，双目显微镜（400倍），电子转换器与显示屏连接，恒温载物台，测精液密度仪，电子秤，打包机等。

（5）日常操作的器具。采精用集精杯，稀释液杯，手套，装精液袋等。

图7-8　上海祥欣畜禽有限公司的米尼图全自动检测精液处理室

二、精液处理室管理规范

人工授精站精液处理室是精液检查、处理、贮存的场所，为了生产出优质的、符合输精要求的精液，一定把好质量关，保证出站的每一份精液的活力不低于70%。特对日常工作做如下规定。

（1）实验室要求整洁、干净、卫生，每周彻底清洁1次。

（2）实验室及采精室不准吸烟；不准使用肥皂等类洗涤用品；不准使用化学灭蚊虫试剂。

（3）非实验室工作人员在正常情况下不准进入实验室，采精员也不准进入实验室。

（4）所有仪器设备应在仔细阅读说明书后，由专人按操作规程使用和维护保养；特别是石英蒸馏水制造器，使用时更应有人看护，注意人身安全。

（5）各种电器设备应按其要求选择适应插座，除冰箱、精液保存箱外，一般电器要求人走断电。

（6）物品器皿的清洗消毒方法：采精器皿和精液稀释器皿以及采精手套均采用一次性物品。

（7）稀释液的配制、精液检查、稀释、分装一定按照人工授精操作规程进行。

（8）采精栏与实验室之间的传递口的两侧窗只有在传递物品时才能按先后顺序开启使用。

（9）实验室地板、实验台保持干净清洁。

（10）下班离开实验室前一定检查电源、水龙头、门、窗是否关闭好，确保安全。

三、采精公猪健康要求

（1）公猪站对外提供商品种公猪精液，必须保证严格的生物安全与健康要求，确保生产的种猪精液符合产品质量要求。根据国家相关规定，供精公猪应经过权威部门检测，确保以下疾病全部为阴性：猪瘟、伪狂犬病、蓝耳病、口蹄疫、布氏杆菌、猪细小病毒、乙型脑炎等。

（2）根据以上要求，规定所有入站公猪必须经过严格的隔离饲养检疫，即公猪调入公猪站前首先进行采血检测，合格者方能进入公猪隔离舍饲养，然后经过21d的隔离饲养后再次采血检测，合格者最终才能进入公猪站对外供精。另外，每季度定期对公猪血液和精液同时进行疾病监测，确保公猪健康，所有检测结果均有据可查，并定期对外公布。

四、精液品质检查操作规程

1.颜色、气味

待精液送来后，先检查其颜色（灰白色或乳白色）、气味（微腥）。如带有绿色或黄色是混有尿液，若带有淡红色或红褐色是含有血液，这样的精液应舍弃不用。若正常，先进行称重，1g计为1ml。

2.活力

是指呈直线运动的精子百分率。用干净的玻璃棒，在采精杯不同位置，分别蘸取两滴原精液，置于载玻片上，在显微镜下观察精子活力，要求做直线运动的精子数占70%以上，精子活力合格。

3.密度和畸形率

取100ul原精液与900ul 3% KCl溶液混合均匀，若肉眼观察混合液稍浑浊，可再加入1ml 3%KCl溶液，直至稀释到肉眼可见的合适的浓度，此时，稀释倍数记为N。混合好后，取一滴混合液于红细胞计数板上。在显微镜下，计数5个中方格中精子总数A和畸形精子数a。

精液密度=A × 0.005 × N

畸形率（%）=a/A × 100

注：红细胞计数时，先在16×10视野下，找到大方格，然后把左上方中方格置于视野中间，按左上角，右上角，右下角，左下角，中心方格的顺序，依次在16×40视野下计数。双线部分以数上不数下、数左不数右为原则计数。

4. 1：1稀释精液

首先分别测量精液和稀释液的温度，确保两者温度差不超过正负1℃，最理想的是稀释液温度比精液温度高0.5℃。稀释时，将稀释液沿杯壁不同方向缓缓倒入精液中。

5. 1：1稀释精液后，需要再次检查精子的活力

检查精子的活力确保正常后，根据采精量和精子密度，（最后分装每瓶40亿个精子，80ml）计算出最终需要稀释液的体积。

注：若最后需要加入较多稀释液，不要一次全部倒入精液中，要分多次，每次少量加入到精液中。

6. 精液稀释好后，进行分装

分装时要尽量排空瓶中的空气。分装好后，将输精瓶平放于毛巾上，其上方也要用毛巾捂住，置于室温环境下1h后再使用。若暂时不使用放入17℃冰箱保存。

五、精液显微镜检测操作规范

（1）取出显微镜，摘掉显微镜防尘罩，检查显微镜各部件是否正常：目镜、物镜、载物台、聚光灯等。然后接通电源，打开聚光灯。

（2）对光。

①转动粗准焦螺旋，使镜筒徐徐上升，然后转动转换器，使低倍物镜对准通光孔。

②用手指转动遮光器（或片状光圈），使最大光圈对准通光孔，左眼向目镜内注视，调节聚光灯亮度，使视野内亮度均匀合适。

（3）取出恒温载物台，接通电源，设置显示器温度。恒温载物台夏天设定37～38℃，冬天设定39～40℃。将恒温电热板置于显微镜载物台上固定住，将物镜头与电热板距离调至最大。

（4）将盖玻片和载玻片置于电热板上预热片刻。

（5）从17℃保存箱取出的精液，轻轻摇匀，滴取1滴（不能太小）置于恒温板上的载玻片上预热片刻后，再盖上盖玻片。对于刚采集的原精则直接取一滴置于载玻片上后盖上盖玻片做镜检。

（6）使用低倍物镜头（10x），调动显微镜焦距看到精子（目镜为10x或16x），低倍物镜的使用。

①用手转动粗准焦螺旋，使镜筒徐徐下降，同时两眼从侧面注视物镜镜头，当物镜镜头与载物台的玻片相距2～3mm时停止。

②用左眼向目镜内注视（注意右眼应该同时睁着），并转动粗准焦螺旋，使物镜筒徐徐上升，直到看清物象为止。如果不清楚，可调节细准焦螺旋，至清楚为止。

（7）在100～160倍放大情况下查看精子活力，用0～0.9分评判。0分－无精子，全部死精子；0.1分－10%精子呈直线运动；0.2分－20%精子呈直线运动；0.3分－30%精子呈直线运动；0.4分－40%精子呈直线运动；0.5分－50%精子呈直线运动；0.6分－60%精子呈直线运动；0.7分－70%精子呈直线运动；0.8分－80%精子呈直线运动；0.9分－90%精子呈直线运动。原精的活力必须大于0.6分以上才能使用，稀释后的活率在70%以上才能使用。

（8）精子畸形率检查，需等精子死亡后，在高倍（物镜头为40X）数下检测，数出畸形精子的数量，判断百分比，主要的畸形精子（卷尾，原生质点等），畸形率在20%以下合格。使用高倍物镜之前，必须先用低倍物镜找到观察的物像，并调到视野的正中央，然后转动转换器再换高倍镜。换用高倍镜后，视野内亮度变暗，因此，一般选用较大的光圈或将聚光灯亮度调大，然后调节细准焦螺旋。

（9）镜检结束后将盖玻片弃掉，载玻片可清洗干净后备用。

（10）用毕显微镜应将载物台下降至最低点，并将低倍镜对准载物台中央圆孔处，显微镜和恒温载物台切断电源，将电源线卷好，清洁后盖上防尘罩放好备用。

六、精液留样监测规范

（1）公猪站对每头公猪每一次采集的精液稀释好后，必须留样20ml置于17℃的恒温冰箱内，每天上午和下午定时进行精子质量检测，保证精液在使用前的活力都在60%以上，低于该活力的精液一律废弃不用。

（2）公猪站商品精液活力必须在80%以上才允许配送出站，公猪站发现配送出去的精液在规定使用期限内其活力低于60%以后，要及时通知供精点和用户停止使用，并及时做好更换工作。

（3）如果供精点收到的精液在规定使用期限内其活力低于60%，应及时联系公猪站进行更换。

第五节　精液保存及配送技术

一、精液的分装保存

（1）精液稀释后，检查精液活力，若无明显下降，按每头份80ml分装。

（2）在输精袋上写清楚公猪的品种、耳号，采精日期。商品精液需张贴产品标签，以便对产品质量进行追踪，实施可追溯化的质量管理体系。标签内容包括精液商品名称、公猪品种与耳号、规格、生产日期、主要成分、执行标准、贮存条件、保质期、产品批号、质检员、生产厂商、联系方式等。

（3）分装后的精液置于22～25℃的室温（或用几层毛巾包被好）1~2h，缓慢降温后（在炎热夏季和寒冷的冬季，特别应注意本环节），再直接放置17℃冰箱中（图7-9），不同品种精液应分开放置，以免拿错精液。精液应平放，可叠放。

（4）保存过程中要求每12h将精液缓慢轻柔的混匀1次，防止精子沉淀聚团而使精液保存期缩短或使精子死亡。

（5）冰箱中必须放有灵敏温度计，每天检查精液保存箱温度并进行记录，若出现停电全面检查贮存的精液品质。

（6）尽量减少保存精液保存箱关开次数，以免造成对精子的打击而死亡。

图7-9　用于精液保存的17℃恒温冰箱

二、精液订购配送流程

（1）公猪站在对外配送精液的工作上，必须要配备专业的精液配送设备，一是用于精液专车直接配送的精液配送车、工作人员、车载17℃恒温冰箱；二是用于精液快递配送的精液包装设备：包括高密度泡沫保温箱、保温膜、冰袋、增温剂、外包装纸箱等。

（2）建立猪人工授精的精液供精点。可在各生猪养殖密度相对较大的区域设立供精点，以方便用户就近购买精液。

（3）供精点需悬挂相关的宣传推广标志，配备必要的精液储存与检测设备，如显微镜、恒温载物台、17℃恒温精液保存箱，若干精液保温运输包等。

（4）供精点负责接收区域内的精液订购、接收、保存、质量检测、发放、账目管理等工作。要求供精点配备专业技术熟练的工作人员，负责各自区域内用户的精液订购与技术指导等工作。

（5）固定每天预订精液的时间，需要种公猪精液的猪场（或专业户）在规定的时间内电话告知所在的供精点，即预订需要的精液品种及份数。供精点负责接收各自区域用户的精液订购信息，然后通知公猪站精液订购负责人，公猪站接收订单后安排好精液制作和配送工作。

（6）精液的配送流程，首先由供精站通过专车或者快递方式把精液送到供精点，然后由用户到供精点领取精液，或由配送点把精液送到猪场，两种配送方式由猪场与配送点根据当时情况协商确定。

（7）精液由供精站配送到供精点，供精站所有对外供应的精液配送前必须经过质量检测合格（精子活力达70%以上），并且必须有完整的精液出库配送记录，配送员对每批次配送的精液签字确认，送达后必须给供精点或客户开具精液送货单以及货款发票。供精点或规模猪场必须每次对接收的精液进行交接检测精液质量及核对品种和份数，并有记录存档。发现配送错误或是配送延时等情况应及时联系供精站，由供精站负责及时补送。

（8）精液运输过程必须保持17℃左右，温度范围在16～18℃，因此，必须备有专用精液保温运输箱。目前，采用深度休眠营养剂稀释的精液可于4～17℃保存与运输，并且比普通精液营养稀释剂的保存时间更长。

（9）精液运输过程必须防止剧烈震动，应采取防止颠簸的缓冲措施，如在保温箱内填充防震气泡膜（图7-10）。

（10）精液由用户自行到配送点领取精液或由配送点把精液送达用户时都必须实行当场精液质量检测，并核对品种和份数，都应有交接记录，双方签字认可。质量不达标准或是配送出错应当场退回，另行配送。

（11）配送点对供精的猪场（专业户）建立配种服务档案，并经常派技术人员上门咨询、交流、指导优秀公猪精液供精及猪人工授精技术推广。

图7-10　用于精液配送的防震保温包装

第六节　猪冷冻精液技术

猪精液冷冻技术始于 20 世纪 50 年代，是指利用干冰（−79℃）、液氮（−196℃）、液氦（−269℃）或其他制冷设备作为冷源，将猪精液经特殊处理后，以固态形式保存在极低温度下，以达到长期保存精液的目的，还包括解冻复苏的过程。

一、冷冻原理

超低温环境会完全抑制精子的代谢活动，使精子的生命处于休眠状态，但冻精升温复苏后不失去受精能力。精子在高渗的稀释液中，细胞体内的水分流向细胞外，同时高渗液进入精子细胞体，使精子脱水，而后冷冻过程适当控制降温的速率，使精子细胞在形成冰晶化的危险温度区（−60~15℃）迅速越过，在冰晶还来不及形成的条件下玻璃化或液化，只维持微晶状态，这样，冰晶对精子细胞的损害程度会降到最低。在冷冻介质（稀释液）中加入甘油、二甲基亚砜（DMSO）等抗冻剂会导致溶液在较低温度冻结。这可能阻滞了细胞脱水以及因细胞脱水而造成的溶液效应的有害影响。

二、冷冻对精子的损伤

冷冻过程对精子的损伤原因主要包括物理性损伤、化学性损伤和氧化反应损伤。

（1）物理性损伤是不可逆的，主要是精子内外形成的冰晶对精子质膜及精子内部结构产生机械性刺激，最终使精子内外受到损伤而死亡。

（2）化学性损伤是指冷冻过程中，精子外液中的水分形成冰晶而使精子外液的溶液浓缩，致使整个溶液的渗透压加大，精子膜因内外的压力差而造成精子脱水死亡。

（3）氧化反应损伤是指精子代谢过程所产生的氧自由基强大的氧化作用，使得精子质膜中的PUFA（多不饱和脂肪酸）受到氧化而造成膜脂的流动性降低，质膜变脆弱，易受冷打击，精子因膜功能丧失而死亡。

三、猪冷冻精液技术

猪冷冻精液技术主要包括：溶液的配制、公猪精液的采集、精液预处理（稀释与平衡）、精液冷冻、冻精的保存、冻精解冻、冻后精子的质量检测。其核心步骤是猪精液的冷冻、保存及冻精解冻。

1. 溶液的配制

溶液配制所用溶液的配制原则是：

①配制用的烧杯等材料都要用清水洗涤干净后，再用蒸馏水漂洗，严格消毒。

②所有溶液尽量现配现用，配制好的稀释液如当天未能用完可密封好放在5 ℃条件下保存。

③稀释用的水应为蒸馏水或重蒸馏水，要求保持新鲜、中性。

④配制所用的试剂必须是化学纯或分析纯，衡量必须准确无误。

（1）精液稀释液配制。将蒸馏水预热至30～34 ℃后加稀释粉，充分搅拌或用磁力搅拌器混匀，在室温条件下，待稀释液20—40 min稳定后方可使用。储存的稀释液须标明配制日期。精液稀释液也可以按照表7—1中Ⅰ液的配方配制。

（2）冷冻保护液配制。按照表7—1中Ⅱ液的配方配制冷冻液，将冷冻液提前一天配制好，置于4℃冰箱中保存。pH值控制在7.0~7.2。

表7—1　猪常用冷冻剂稀释液成分

溶液种类成分	葡萄糖、卵黄、甘油液	脱脂乳、卵黄、甘油液		
		Ⅰ液	Ⅱ液	Ⅲ液
基础液				
葡萄糖（g）	8	—	—	—
蔗糖（g）	—	—	11	11
脱脂乳（g）	—	100	—	—
蒸馏水（ml）	100	—	100	100
稀释液				
基础液（%）	77	100	80	78
卵黄（%）	20	—	20	20
甘油（%）	3	—	—	2
青霉素（IU/ml）	1 000	1 000	1 000	1 000
双氢链霉素（μg/ml）	1 000	1 000	1 000	1 000

2. 公猪精液的采集

用手握法采精，不接取开始射出的部分精液，用集精杯收集，过滤后，对原精进行检测，选择活率达80 %以上，精子密度2.0亿~3.0亿个/ml以上的精液进行冰冻。

3. 精液预处理（稀释与平衡）

为减少对精子的冻害作用，精液冷冻前应对精液进行稀释，常用的稀释法有一次稀释法和二次稀释法。以二次稀释法为例，第一次稀释精液与稀释液按照一定的比例，在等温条件下进行稀释。第二次稀释是在等温条件下，将稀释好的精液与冷冻液按1∶1的比例进行稀释，边加入边轻轻摇晃混匀。稀释后的精液放入4℃的冰箱内平衡3～4h。

4. 精液冷冻

（1）干冰颗粒冷冻法。每100μl的冷冻保护精液做一个冻精颗粒，将精液吸入移液器，滴在事先砸好小坑的干冰上。边冷冻边用移液器枪头不断混匀。将精液滴在坑中冻3min，待形成坚硬的颗粒后，马上放到事先准备好的储存管中，投入液氮保存。

（2）液氮颗粒冷冻法。向冻精箱中加入足量的液氮，使冻精箱内部和冻精浮板充分降温（把浮板架在液氮液面上方3～5cm处）。用移液器，边搅拌边吸取100μl精液滴在冻精浮板上，冷冻3min，待成坚硬的颗粒后，投入液氮保存。

（3）液氮细管冷冻法。向冻精箱中加入足量的液氮，使冻精箱和细管架充分降温。用1ml注射器将精液吸入0.25ml冻精细管中，马上封口，摆放在液氮细管架上，冻3min，投入液氮保存。

5. 冻精的保存

贮存冻精的液氮罐要勤检查，当液氮量降到1/3～1/2时，要及时补充液氮。如发现贮存罐耗氮太快或罐壁出现白霜时，表明液氮罐保温性能丧失，要及时转移冻精。贮存的冻精每月进行1次全面的品质检查。从液氮罐钩取冻精时，动作要轻，以防钩破冻精。每年须清洗1次液氮罐，更换陈旧液氮。清洗时先用中性洗涤液刷洗，再用40～50℃温水冲洗，晾干水分，然后用75%酒精消毒后使用。

6.冻精解冻

将液氮罐靠近解冻用的恒温水浴锅或其他解冻设备，这样能够尽量缩短冻精管从液氮罐转至解冻设备过程中处在室温下的时间。将液氮罐内装有冻精的提桶提升到液氮颈部上方能够用钳子将冻精管取出为宜，当提桶内还保存有其他冻精时，避免冻精管离开液氮环境并暴露于室温环境不要超过5s，否则，将导致精液质量下降。在快速将冻精管从液氮罐取出的同时，需要核查公猪的编号是否正确。

（1）颗粒冻精的解冻。42℃预热精子解冻液。取出冻精颗粒，迅速放入37℃预热的15 ml离心管中，放入52℃的恒温水浴锅中，加入预热的精子解冻液，轻轻混匀。解冻时间最好以颗粒冻精刚好全融为准。解冻后立即放入37℃环境中孵育5～10 min，待检。

（2）细管冻精的解冻。迅速取出一管（1头份）精液，快速将精管放入52℃的恒温水浴锅中，冻精管在水浴锅中的时间需要使用秒表计时45 s，快速取出。解冻时无需用手或工具拿着冻精管；如同时需要解冻1管以上冻精，须确保水浴温度维持在50℃。如解冻时发生密封球弹出冻精，致使冻精管爆裂，需废弃此管冻精。将冻精管从水浴锅中取出后，擦干表面的水，剪断冻精管一端的密封球并插入到20℃的稀释液瓶底，同时剪断另一端的密封球以使精液顺利快速流入瓶底，稀释完成。（图7-11、图7-12、图7-13）

图7-11　迅速取出一管冻精

图7-12　快速将精管放入52 ℃的恒温水浴锅中，计时45s，快速取出

图7-13　冻精解冻后稀释

7. 解冻后精子的质量检测

解冻后的精液用移液枪取样放在37 ℃已预热的恒温载物台上，进行活率、畸形率等方面的质量检测，只有检测后合格的精液才可用于使用（图7-14）。

四、猪冻精应用的局限性

当前，猪的冻精在世界人工授精中的应用估计不到1%，而且这个比例在许多年里都没有大的变化。其原因可能有以下几点。

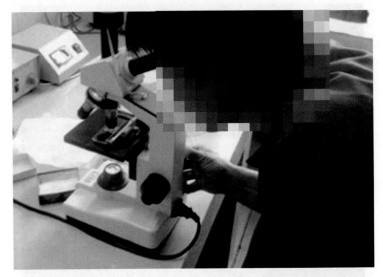

图7-14　冻精解冻后取样镜检

（1）繁殖成绩不理想。与常规液态保存精液相比，分娩率为40％～70％，低20％～30％；仔猪数为7～10头，少2～3头。

（2）冻精的体外活力和解冻后受精能力在不同的公猪个体之间存在很大的差异。

（3）液态保存精液每剂只需要20亿～30亿个精子数，而冻精每剂需要更多的精子，一般为50亿～60亿个。

（4）成本高，从工作量和实验室设备考虑，冷冻和解冻是一个耗费资金的过程。

（5）需要可靠的实验室设备以供准确测试精液质量，最大的问题是解决体外精子的活力与其实际的受精力、受胎效果的相关性。

（6）技术理论方面还不完善，如尚未明确冷冻对精子的损伤机理、稀释保护液没有稳定而且成熟的配方、所有冷冻保护剂对精子都有不同程度的毒害作用、输精量大和解冻活力低的冲突、猪个体差异的影响，等等。

五、冻精的应用意义及展望

冻精可以使优良基因得到无限期的保存，延长公猪使用年限，而不受该公猪死亡、损失、采精间隔等限制，有利于人为使用高性能的公猪与更多数量的母猪配种，获得更大的遗传进展。

相比于液态精液，冻精运输不受时间、地域的限制，便于开展省际、国际之间的交流协作，提高优良种公猪的利用率，还可节省外汇支出；在保留和恢复精液供应、血统更新、引种、降低生产成本等方面均有重要意义。

冻精还可以在后裔测定或疾病检测后再开始大量供应，为稳定的遗传进展和严格的生物安全提供保障。从健康角度考虑，冻精为疾病检测提供了足够的时间，冻精还能为大型的人工授精站暴发疾病时，提供稳定的精液供应保障。

第八章 规模猪场种猪繁殖障碍性疫病的防控和净化

第一节 规模猪场种猪繁殖障碍性疫病的防控

自20世纪80年代实施的改革开放政策以来，随着大市场大流通格局的形成，猪的疫病呈现复杂化和严重化趋势，而出于猪繁殖育种的需要，种猪流通贸易量则大大增加，诸多因素的共同作用，使得猪繁殖障碍疫病呈愈演愈烈之势，已对世界养猪业构成了严重威胁，每年由此造成的损失不可估量，严重影响养猪生产的发展。引起猪繁殖障碍性疫病的病原主要包括病毒、细菌、寄生虫和一些微形体，其中病毒性疫病危害最大，这类疫病包括猪繁殖与呼吸综合征、猪细小病毒病、猪伪狂犬病、猪瘟、猪2型圆环病毒病、猪流行性乙型脑炎等。这些病原在国内许多规模猪场均广泛存在，可通过多种途径使猪感染，临床特点都可表现为妊娠母猪发生流产、早产、产死胎及木乃伊胎等繁殖障碍，而这些疫病的显著特征是均可通过生产公母猪交配或使用生产公猪精液引起垂直传播，带毒公猪通过精液将病毒传染给生产母猪，带毒母猪妊娠后病毒通过胎盘屏障感染胎儿，产下的带毒仔猪或患病仔猪不断产毒、排毒，污染养殖环境，感染其他健康猪，造成疫病的循环流行和扩散。

1. 猪瘟

猪瘟是由猪瘟病毒（CSFV）所引起的一种猪的急性和高度接触性传染病，临床上以多发性出血和败血症为特征，传染性强、病死率高，至今在世界上许多国家均有不同程度的发生与流行。

虽然我国自20世纪50年代推广使用猪瘟兔化弱毒疫苗以来，有效地控制了猪瘟在我国的暴发流行。但近20年来，猪瘟仍在我国频繁发生，并且在流行病学、临床症状和病理变化等方面呈现新的特点，多以所谓非典型、温和型或亚急性的病症出现，出现了病毒的持续感染、胎盘垂直感染、初生仔猪免疫耐受和妊娠母猪带毒综合征等，给本病的预防和控制带来了难度。业已证明精液可作为CSFV的重要传播途径，根据上海市动物疫病预防控制中心的检测发现，猪感染CSFV后30d仍能从精液中分离到病毒。猪瘟病毒可影响精子的生成，公猪性腺可能是CSFV性传播的原始病毒库。通过自然交配和人工授精而传染给母猪。母猪感染CSFV后，可造成流产、早产、产死胎、木乃伊胎、弱仔或新生仔猪先天性头部和四肢颤抖。猪瘟通过精液传播已有不少病例，如1997年2月至1998年3月，荷兰因使用污染猪瘟的公猪精液感染生产母猪而暴发了猪瘟，确诊患病猪场达429个，因死亡和扑杀的猪总数达到1 105万头，粗估经济损失已达15亿美元。

其他年龄段猪的临床病症：哺乳仔猪黄绿色拉稀、腹式呼吸、抽搐，死亡率较高；保育猪腹泻、呼吸困难，皮肤出现出血点；育肥猪轻微呼吸道和消化道症状。

猪瘟的免疫防控：生产公母猪一年3次集中免疫，肉猪于30日龄、55日龄、105日龄免疫2~3次。

2. 猪流行性乙型脑炎

猪乙型脑炎是由日本脑炎病毒（JEV）引起的一种急性人畜共患传染病，临床上以怀孕母猪的流产，产死胎及公猪的睾丸炎为特征。本病具有明显季节性，主要发生于蚊虫出没的夏季，主要引发繁殖障碍，能引起公猪发生一侧性睾丸炎，睾丸肿胀、疼痛，附睾变硬，性欲降低。Ogasa等证实JEV感染公猪后，能侵入生殖器官，导致精子生成过程紊乱，并能通过精液排毒。感染JEV的生产公猪经自然交配或人工授精后传播给母猪。母猪感染JEV后可引起流产，流产的胎儿多为死胎或木乃伊胎，或濒于死亡的弱仔，部分产下活仔较衰弱不能站立，不会吮乳。同一窝胎儿大小差异大。

其他年龄段猪不表现临床病症。母猪流产前有轻微减食或发热症状，流产后对继续繁殖无影响。

猪流行性乙型脑炎的免疫防控：后备种猪于配种前免疫1~2次；生产公母猪应在当地蚊虫出现季节的前20~30d完成接种，一般是在3—4月，一年免疫1次即可。

3. 猪2型圆环病毒病

猪2型圆环病毒病是由猪2型圆环病毒（PCV2）引发的猪多症候群疫病，可以引起断奶仔猪多系统衰竭综合征（PMWS）和猪皮炎肾炎综合征（PDNS）等相关病症。1991年加拿大首次爆发该病，随后世界上许多国家和地区都有该病的报道。本病以断奶仔猪和育肥猪生长缓慢、呼吸急迫、消瘦、贫血、出现黄疸现象等为特征，且能引起猪的免疫抑制，引发混合感染或多重感染，给养猪业造成严重的经济损失。我国学者经血清学调查和病毒分离鉴定，证实本病在我国也广泛存在，且猪2型圆环病毒病污染面进一步扩大，许多养猪密集地区已经找不到PCV2阴性场。公猪感染PCV2后一般不表现明显临床症状，但可通过自然交配和人工授精感染母猪。生产母猪感染PCV2后可造成返情率增加，怀孕不同阶段出现流产，产出死胎、木乃伊胎、胎儿浸融和新生仔猪死亡。流产或死亡胎儿表现肝脏充血，心脏肥大，多个区域呈现心肌变色等病变。

其他年龄段猪的临床病症：保育猪皮肤苍白、消瘦、腹泻，生长停滞，死亡率可达30%；育肥猪体表出现紫色出血斑点，尿深黄色。

免疫防控：生产公母猪一年免疫2次，采取产前免疫模式；仔猪可于14日龄、35日龄免疫1~2次。

4. 猪伪狂犬病

猪伪狂犬病是由猪伪狂犬病病毒（PRV）引起的呼吸系统、繁殖系统和神经系统病症的猪急性传染病，目前在世界上所有养猪业国家和地区普遍存在，并且本病不易根除和净化。妊娠母猪感染后发生流产，产死胎和木乃伊胎，以产死胎为主。流产比较集中的时间是怀孕21d左右（母猪无发热、减食等病症），怀孕70~90d（母猪流产前有短暂的发热表现，采食量也会发生明显的下降甚至停止采食2~3d，流产后采食量恢复正常）。后备母猪感染后，主要表现为发情不正常，返情增多，很少有其他临床症状。生产公猪虽然无明显临床症状，但可带毒通过精液散毒。

其他年龄段猪的临床病症：哺乳仔猪拉稀、呕吐、抽搐，死亡率可高达50%以上；保育猪腹泻、呼吸困难，出现四肢划水等神经症状；育肥猪轻微呼吸道症状，生长缓慢，生长性能下降。

猪伪狂犬病的免疫防控：选用优质疫苗并制订合理免疫程序，生产公母猪一年集中免疫3～4次，仔猪群的免疫根据猪场不同的感染压力可选择1～3日龄滴鼻1头份，601～70日龄肌注，100～110日龄肌注等1～3针免疫程序。

5. 猪繁殖和呼吸综合征（蓝耳病）

猪呼吸与繁殖综合征是由蓝耳病病毒（PRRSV）引起的一种急性传染病，我国于1995年开始发生和流行经典蓝耳病，2006年开始又出现蓝耳病变异株引发的高致病性蓝耳病。临床症状以母猪发热、繁殖障碍及仔猪的呼吸道症状和高死亡率为特征。由于本病能破坏猪体免疫系统并可造成持续感染，对养猪业造成了巨大危害，并已经证实能通过精液传播。Bloemraad等研究表明公猪感染PRRSV后92d仍能从精液中分离到病毒，通过自然交配和人工授精传播给母猪。母猪感染PRRSV后，可造成流产、产死胎、木乃伊胎及弱仔，但主要以分娩前1周的后期流产为特征。

其他年龄段猪的临床病症：哺乳仔猪拉稀、呕吐、抽搐，死亡率高达30%以上；保育猪腹泻、呼吸困难、耳朵发紫；育肥猪轻微呼吸道症状，咳嗽，生产指标降低。

蓝耳病的免疫防控：生产公母猪1年免疫3次蓝耳病疫苗，仔猪免疫蓝耳病活疫苗1~2次。

6. 猪细小病毒病

猪细小病毒病由猪细小病毒（PPV）所引起，可引起猪的繁殖障碍病。妊娠母猪感染PPV时期不同，其症状表现也不一致。妊娠母猪30d内早期感染后引起胚胎死亡而被吸收，使母猪不孕并出现无规则的反复发情。妊娠中期（31~69d）感染后产出木乃伊胎。妊娠70d后感染的母猪一般能够正常产仔。除怀孕母猪外，其他年龄段猪群感染后无明显临床症状。公猪感染后不表现临床病症，但在PPV的传播中起着重要作用，在急性感染期，病毒能以多种途径排出，包括精液。感染公猪的精细胞、精索、附睾和副性腺都可分离出病毒，通过配种或人工授精而将病毒传给易感母猪。

免疫防控：后备母猪于配种前免疫1~2次；1~3胎生产母猪于产后15d免疫；生产公猪每年于春秋季节集中免疫2次。

7. 猪繁殖障碍性疫病的综合防控措施

（1）规范引种。引入种猪须从无猪伪狂犬病疫情的种猪场引种（包括精液），种猪场必须取得《种畜禽生产经营许可证》和《动物防疫条件合格证》，并对拟引进猪采血送检，确定伪狂犬病gE抗体阴性后方可引入。种猪入场后，需隔离饲养并临床观察至少45d才能并入本场猪群。

（2）封闭式管理。加强猪场门口来往人员、车辆的控制与消毒；限控饲养员、兽医等一线人员外出或串棚，严格执行从业人员健康年检和进场消毒；禁止场外人员进入生产区。

（3）实行单一动物饲养。禁止在猪场内饲养其他动物。严防流浪犬、猫等动物钻入场内，采取严格的灭鼠措施，并定期开展灭虫、灭蚊、灭苍蝇措施。

（4）消毒。选用优质低毒低残留消毒剂，定期对猪舍、栏圈、内外环境、用具、运输工具以及其他一切可能被污染的场所和设施、设备进行严格的消毒，并将消毒工作规范化、制度化。

（5）病死猪无害化处理。把病猪及时隔离，淘汰有临床症状的病猪。对死亡猪、死胎、流产物等，及时送往动物无害化处理中心进行焚烧。

（6）合理开展免疫接种。要建立健全符合本场实际的免疫程序，严格免疫接种的操作规程，选用高效优质疫苗，确保易感猪群始终得到免疫抗体的有效保护。

（7）提供营养全价的饲料。按各生产阶段猪的营养需要，提供均衡、适宜的配合饲料。在饲料生产、储存、运输和使用过程中，防止饲料的发霉、变质和受污染。

（8）规范填写各类生产和防疫报表。为便于追溯调查，应建立完整统一的生产和防疫报表，并规范填写，及时归档，保存3年。

第二节　规模猪场种猪繁殖障碍性疫病的净化

20世纪90年代以来，我国推行动物疫病的普遍性强制免疫和积极的主动免疫政策，虽然取得了很大的防控成绩，但也凸现出过分依赖免疫、造成病原免疫压力下变异等问题。要提升我国动物疫病防控的质量和实效，保证畜牧业长远的健康稳定发展，必须在确保动物免疫效果的同时，适时提出重要动物疫病的控制和净化计划，国务院于2012年5月颁布了《国家中长期动物疫病防治规划（2012—2020年）》，要求有计划地控制、净化和消灭严重危害畜牧业生产和人民群众健康安全的动物疫病。上海是我国最大的动物源性产品消费城市，为了保障上海市民食用猪肉的安全和社会秩序稳定，有效保障生猪种源工程和生猪产业体系的顺利实施，上海规模猪场应着力开展种猪繁殖障碍性疫病的综合防控和净化技术的研究和集成推广，以贯彻和服从于国家层面的动物疫病整体防控部署，为猪病的有效防控提供样板和示范作用。

一、猪场净化目标

通过清除带毒种猪，培育阴性后备种猪群，建立健康生产种猪群，达到免疫无疫。

规模猪场猪瘟、蓝耳病、猪伪狂犬病、猪2型圆环病毒等主要繁殖障碍性疫病免疫抗体合格率在90%以上，病原学检测结果均为阴性，无临床病例发生。

二、猪场净化步骤

1. 第一阶段（本场调查阶段）

目标：摸清猪场猪群带毒状况和免疫抗体水平。

措施：全面了解和考察本猪场实际情况，如饲养环境、饲养管理水平及兽医技术力量等，观察猪群的生长发育状况，了解本场猪瘟、蓝耳病、伪狂犬病和猪2型圆环病毒病流行历史和现状、疫苗免疫情况。

方法：采集猪血清、扁桃体或咽喉拭子等样品，其中，包含所有公猪，经产母猪和后备种猪每批次各不少于30头。分别检测主要繁殖障碍性疫病抗体水平和病原感染情况，根据检测结果按以下方式处理。

（1）若猪场猪血清学监测中发现免疫不合格的，猪群抗体水平低于70%，全群补免；猪群免疫抗体阳性率低于90%，则对于检测不合格猪及时补免。

（2）猪场检出病原学阳性的猪，应立即予以淘汰。

2. 第二阶段（免疫控制阶段）

目标：以有效免疫率达90%以上为阶段目标。

措施：疫苗免疫按免疫程序合理接种，评估免疫效果。

当猪场猪瘟等主要疫病感染率＞5%，采用免疫和其他措施进行免疫控制，2~3年有效免疫率达90%以上；当猪场主要疫病病原感染率≤5%，实施检测+淘汰净化。

当猪场主要疫病病原感染率＞5%，全群强制免疫。同时，加强以下工作：

（1）免疫抗体监测。监测频率至少一年2次，在猪瘟等主要疫病疫苗免疫后30d全群采血，分别检测抗体水平。对注射疫苗后抗体达不到保护水平（70%阳性率）的猪应及时补免，如补免后抗体水平仍上不去的猪要坚决淘汰，杜绝可能的传染源。

（2）病原学监测。监测频率至少一年2次，在猪瘟等主要疫病疫苗免疫后30d（仔猪二免后30d）从免疫猪群中随机抽检50份扁桃体或咽喉拭子样品，检测猪群中主要病原感染情况，及时隔离、淘汰带毒种猪，建立健康种群，繁育健康后代。

（3）引进种猪。在隔离舍隔离并观察45d以上，全群监测猪瘟等主要疫病，病原学监测为阴性猪方可进场饲养。

（4）落实综合防控措施。加强猪场的饲养管理，强化生物安全措施，健全卫生消毒措施；坚持自繁自养，采用全进全出的养殖方式，防止交叉感染。

（5）加强对其他疫病的协同防制。如确诊有其他疫病存在（如链球菌病），则还需同时采取其他疫病的综合防制措施。

3.第三阶段（病原清除阶段）

目标：建立猪瘟等主要疫病净化种猪群。

措施：监测与淘汰。

当猪群猪瘟等主要疫病病原感染率≤5%时，对全群逐头进行扁桃体或咽喉拭子采样并检测，及时淘汰阳性带毒猪。

自选或引入的后备种猪要在隔离区逐头进行主要疫病的病原学监测，阴性的方可留用，最终建立起净化种猪群。

4.第四阶段（净化维持阶段）

目标：连续24个月以上，猪瘟等主要疫病免疫抗体合格率>90%，病原检出率为零。

措施：通过引种控制、生物安全控制措施、临床观察、疫苗免疫、监测、淘汰等综合性技术手段进行控制。

三、猪场主要繁殖障碍性疫病净化评估认证标准

1. 猪伪狂犬病净化评估标准

（1）同时满足以下要求，视为达到免疫净化标准。

①生产母猪、种公猪、后备种猪抽检，猪伪狂犬病感染抗体（gE抗体）检测均为阴性。

②生产母猪和后备种猪抽检，猪伪狂犬病免疫抗体（gB抗体）合格率大于90%。

③连续两年以上无临床病例。

④通过动物防疫机构组成的专家组现场综合审查。

（2）抽样要求（表8-1）。

表8-1　猪伪狂犬病免疫净化评估实验室检测方法

检测项目	检测方法	抽样种群	抽样数量	样本类型
gE抗体	ELISA	种公猪	生产公猪存栏50头以下，100%采样；生产公猪存栏50头以上，按照证明无疫公式计算：置信度95%，预期流行率3%	血清
		生产母猪后备种猪	按照证明无疫公式计算：置信度95%，预期流行率3%（随机抽样，兼顾不同猪群）	血清
gB抗体	ELISA	生产母猪后备种猪	按照预估期望公式计算：置信度95%，期望90%，误差10%	血清

（证明无疫公式计算可参照表8-1、表8-2）

2. 猪瘟

（1）猪瘟净化评估标准。同时满足以下要求，视为达到免

疫净化标准（控制标准）。

①生产母猪、种公猪、后备种猪猪瘟抗体抽检合格率90%以上。

②连续两年以上无临床病例，猪瘟病原学检测阴性。

③现场综合审查通过。

（2）抽样要求（表8-2）。

表8-2　猪瘟免疫净化评估实验室检测方法

检测项目	检测方法	抽样种群	抽样数量	样本类型
病原学检测	荧光PCR	种公猪	生产公猪存栏50头以下，100%采样；生产公猪存栏50头以上，按照证明无疫公式计算：置信度95%，预期流行率3%	扁桃体淋巴结精液
		生产母猪后备种猪	按照证明无疫公式计算：置信度95%，预期流行率3%（随机抽样，兼顾不同猪群）	
猪瘟抗体	ELISA	种公猪	生产公猪存栏50头以下，100%采样；生产公猪存栏50头以上，按照证明无疫公式计算：置信度95%，期望90%，误差10%	血清
		生产母猪后备种猪	按照预估期望公式计算：置信度95%，期望90%，误差10%	

（证明无疫公式计算可参照表8-1、表8-2）

3. 蓝耳病

（1）蓝耳病净化评估标准。同时，满足以下要求，视为达到免疫净化标准。

①种公猪、生产母猪、后备种猪抽检，蓝耳病免疫抗体阳性率90%以上。

②连续两年以上无临床病例；种公猪、生产母猪、后备种猪抽检，蓝耳病病原学检测阴性。

③现场综合审查通过。

（2）抽样要求（表8-3）。

表8-3　蓝耳病免疫净化评估实验室检测方法

检测项目	检测方法	抽样种群	抽样数量	样本类型
病原学检测	PCR	种公猪 生产母猪 后备种猪	按照证明无疫公式计算：置信度95%，预期流行率3%（随机抽样，覆盖不同猪群）	扁桃体 精液 血清
蓝耳病免疫抗体	ELISA	种公猪	生产公猪存栏50头以下，100%采样；生产公猪存栏50头以上，按照证明无疫公式计算：置信度95%，期望90%，误差10%	血清
		生产母猪 后备种猪	按照预估期望公式计算：置信度95%，期望90%，误差10%	

（证明无疫公式计算可参照表8-1、表8-2）

4.猪2型圆环病毒病

（1）猪2型圆环病毒病净化评估标准。同时满足以下要求，视为达到免疫净化标准。

①种公猪、生产母猪和后备种猪抽检，圆环病毒免疫抗体

阳性率90%以上。

②连续两年以上无临床病例；种公猪、生产母猪和后备种猪抽检，圆环病毒病原学检测均为阴性。

③现场综合审查通过。

（2）抽样要求（表8-4）。

表8-4 猪2型圆环病毒病免疫净化评估实验室检测方法

检测项目	检测方法	抽样种群	抽样数量	样本类型
病原学检测	PCR	种公猪	生产公猪存栏50头以下，100%采样；生产公猪存栏50头以上，按照证明无疫公式计算：置信度95%，预期流行率3%	扁桃体淋巴结精液
		生产母猪后备种猪	按照证明无疫公式计算：置信度95%，预期流行率3%（随机抽样，兼顾不同猪群）	
圆环病毒抗体	ELISA	种公猪	生产公猪存栏50头以下，100%采样；生产公猪存栏50头以上，按照证明无疫公式计算：置信度95%，期望90%，误差10%	血清
		生产母猪后备种猪	按照预估期望公式计算：置信度95%，期望90%，误差10%	

（证明无疫公式计算可参照表8-1、表8-2）

5. 现场综合审查

依据中国动物疫病预防控制中心的净化猪场现场审查要求，从猪场必备条件、结构布局、栏舍设置、卫生环保、无害化处理、消毒管理、生产管理、防疫管理、种源管理、监测净化、场群健康和人员素质等方面逐一审查打分（表8-5、表8-6）。

表8-5　场群内个体抗体监测抽样数量

（以测定流行率为目的）

场/群存栏数（头）	抽样数量（头）
≤50	21
≤100	26
≤150	29
≤200	30
≤250	31
≤300	32
≤350	32
≤400	32
≤450	33
≤500	33
≤550	33
≤600	33
≤650	33
≤700	33
>700	34
≥2050	35

注：按照畜禽场群内，个体的预期抗体合格率90%、95%置信水平、10%可接受误差的条件下，不同规模场群内的最少个体抽样数量

表8-6　场群内个体病原学监测抽样数量

（以发现疫病或证明无疫为目的）

场/群存栏数（头）	抽样数量（头）
≤50	43
≤60	49
≤70	53
≤80	57
≤90	60
≤100	63
≤200	78
≤300	84
≤400	88
≤500	90
≤600	91
≤700	92
≤800	93
≤900	94
≤1000	94
≤1500	96
≤2000	96
≤3000	97
≤4000	98
≤10000	98
>10000	99

注：按照畜禽场群内，个体的预期病原学阳性率3%、95%置信水平、100%试验敏感性条件下，以发现疫病或证明无疫时不同规模场群内的最少个体抽样数量（该条件下不能计算流行率）

第九章　信息化智能物联网技术

　　人类用200年的时间消耗了地球38亿年的物质积累。如何合理利用大自然的恩赐，做好资源利用价值最大化，是当前农业生产迫切要解决的主要问题。近30年，我国农业主要经历了传统农业到化学农业的发展阶段，畜牧业也从传统粗放型向规模化养殖型转变。虽然化学农业和规模化养殖业，带来了巨大的价值收益，解决了大多数人的温饱问题，但是滥用化学农药、化肥和集约化饲养，造成了土壤退化、环境污染和农产品品质下降。现阶段，在迈向农业现代化可持续发展的道路上明显动力不足。

　　近几年，随着互联网、云计算、大数据的蓬勃发展，国家正在借助诸多现代科技实施新一轮的产业升级。2015年"两会"报告中，李克强总理提出"互联网+"行动计划。2020年之前，中国已经规划了3.86万亿元的资金用于物联网技术研发。现代农业和畜牧业的发展需要借助科技的力量，畜牧业是我国农业的支柱产业，2014年畜牧业产值超过2.9万亿元，约占农业总产值的1/3，农业作为国民经济的重要基石，畜牧业作为农业的重要组成，理应把握好这次机遇。我国畜禽养殖方式千差万别，由于生产效率整体偏低，生产单位畜禽产品需要消耗更多的饲料和土地。"物联网+农业"思维主导下，畜牧产业发展引入了更多的新元素，可以从源头上推动畜牧养殖生产效率的提高。

第一节　国内猪场数据管理软件的应用

养猪生产正向着规模化、集约化的方向发展。随着猪场规模的增大，养猪生产越来越趋于企业化。伴随而来的是风险越来越大，有市场风险、疾病风险，除此之外，就是经营管理带来的风险。小型猪场的瓶颈主要有规模、资金、技术，规模化猪场的瓶颈主要有市场营销管理，规范化的生产管理模式，人员管理和成本管理。以上管理从某种意义上来说就是数字管理。没有完善的生产记录，就会使生产管理不到位，监管无法落实，造成错误决策和资源浪费，降低企业效益降低。做好生产过程中的各种记录，就是向经营管理要效益。

一、传统规模化猪场经营管理尚存在的问题

（1）无生产记录或生产记录不完善，生产水平高与否不清楚。

（2）成本项目不清楚，核算粗枝大叶，盈利与否不清楚，成本投入无详细记录、核算方法不明确。

（3）工资核算不确实，随意性强，影响职工积极性。

数据化管理是猪场走向现代化管理模式的关键性标志。数字化管理要建立一套完整的科学的生产报表体系，并用电脑管理软件系统进行统计、汇总及分析。生产记录、成本记录、成本核算，采用计件工资制。了解生产实际中存在的问题，并进

行有针对性的改进。

二、猪场数据管理软件发展历程

猪场管理软件是对猪场经营进行管理的软件，包括营养、繁殖、兽医、育种及销售等关键环节。欧美国家从20世纪70年代起，就开始使用DBASE等数据库软件统计录入生产数据，并涌现了一批著名的生产管理软件如Herdsman等。

国内的猪场管理软件从20世纪90年代开始出现，其发展历程可以分为3个阶段。第一阶段为初始阶段，时间从20世纪90年代至2005年，这一阶段，主要的明星是GPS，其他的软件出现后因为各种原因都昙花一现没有流传下来；第一阶段管理软件基本都是单机版的，或者内网版本的，其主要功用在于统计分析生产销售数据，实时性、移动性差。第二阶段为网络版发展阶段，时间从2005－2012年，这一阶段，GPS等软件逐步向开福等网络版升级，部分饲料企业也开发了网络管理软件供用户使用；本阶段，软件的实时性、移动性得到提升，并尝试向管理平台的目标迈进。第三阶段为2012－2016年，是移动云平台发展阶段，目前尚处于初期平台发展时期；在该阶段，既有专业软件公司的全力推动，也有如温氏、大北农等企业的积极参与配合，其中，温氏的EAS系统较有影响力，其他的如大北农的猪联网系统、北京银合ERP、上海互牧猪场信息管理系统CM版等也较受关注。

三、现行主要几款猪场管理软件介绍

现在市场上常见的猪场管理软件有Herdsman、PigCH-

AMP、PigWIN、GPS猪场生产管理信息系统、GBS种猪育种数据管理与分析系统、GBS种猪场管理与育种分析系统、银合ERP—猪场管理软件、金牧猪场管理软件、MTC智慧农场、pigCHN等。现择其一二略作介绍。

1. Herdsman

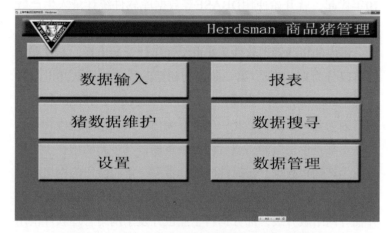

图9-1　Herdsman猪场商品猪生产管理系统界面

Herdsman软件（图9-1）在计算机仍只有DOS系统的时代起步，伴随美国畜牧业的成长。并完成美国农业部的NPP系统（国家谱系工程）以及美国种猪登记协会的STAGES系统（种猪测定和遗传育种评估系统）的开发，是美国知名的畜牧管理系统的首席程序开发商。美国种猪登记协会的STAGES系统中排名前100名的种猪，至少70%的种猪均来自长期坚持使用Herdsman软件产品的美国育种企业。

Herdsman软件可生成100多张报表和20种图表以及8项任务列表，可用于日常管理、提供猪群实际生产记录、帮助猪场发现问题、帮助种猪场优选种猪、及时淘汰生产性能低的种猪等。软件共分为5个版本：铜版、银版、金版、白金版和钻石版。铜版和银版适用于商品猪场，金版、白金版和钻石版适用于育种场。

2. PigCHAMP

整个系统包括生产管理，育种管理，饲料配方，疾病诊断，财务管理，仓库管理。PigCHAMP对猪场的整个经营情况进行全方位的监控和分析，了解所有母猪配种、产仔和断奶的各种信息，掌握哺乳猪、保育猪和生长育肥猪从出生到上市的资料，以周为单位对整个猪场的数量规模进行自动统计，以月、季度和年为单位对整个猪场的性能效益进行自动计算和分析，通过各种报表把目标水平和实际的生产水平进行比较，从而为管理辅助决策。

3. PigWIN猪场管理软件

由Massey大学、国家间咨询专家、Farm PRO Systems 公司、新西兰养猪行业协会、新西兰技术开发公司联合制作，农业部饲料工业中心与中加瘦肉型猪项目联手将其汉化，并会同农业部、农业大学的有关专家在国内推广。

该软件设计成模块形式，允许用户根据自己的需要把各模块组成一个体系。具有整个程序、数据输入和报表等操作的综合菜单系统。它的报表菜单有诊断手段的功能。能够自动把数据转化为图形形式表示。

4. "GPS猪场生产管理信息系统" 与 "GBS种猪育种数据管理与分析系统"

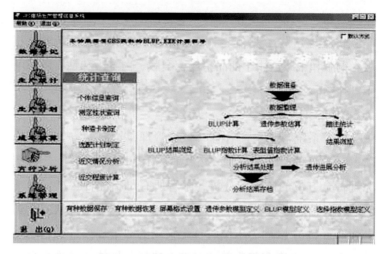

图9-2　GPS猪场生产管理信息系统界面

该系统（图9-2）是由北京佑格科技发展有限公司联合中国农业大学及国内众多知名种猪生产企业联合开发的生产管理与育种数据处理软件，主要开发人员为王希斌博士，张勤教授等。本产品为农业部全国畜牧兽医总站推荐产品，并已在全国种猪联合育种协作组（大白、长白、杜洛克）和1 300多家猪场内全面使用。

第二节　上海祥欣畜禽有限公司猪场管理软件的应用和探索

上海祥欣畜禽有限公司作为上海较早使用猪场管理软件的畜牧企业，一直对国内外诸多软件进行应用和探索。

一、猪场管理软件应用历程

该公司最早在2000年时开始使用GPS猪场软件，作为育种公司，长期的数据积累，是对公司育种、生产管理的强助力。2013年，顺应发展需要，该公司全面升级使用了开福系统，从此，公司的各项数据可以得到日日新、随时查。2015年，观察到业内云平台的发展趋势后，公司又启动了信息管理平台系统的引进开发工作，通过与上海互牧信息科技有限公司的全面合作，已初步建成公司的信息化云平台系统。上海祥欣畜禽有限公司的软件使用历程，见图9—3。

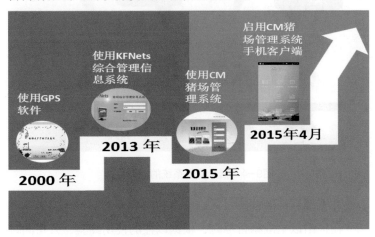

图9—3　上海祥欣畜禽有限公司的软件使用历程

二、自有软件的开发设计

根据当前的软件系统发展阶段，综合了各软件平台的优缺点，上海祥欣畜禽有限公司与有关畜牧信息公司联合，开始尝试开发适用于自己公司的猪场管理软件。

1. 猪场管理平台的建立及其架构流程

在开发猪场管理软件时，首先需要有一个清晰的战略目标设定，确定本场管理系统的面向对象、开放层面，根据这些对象、层面并针对性地设定总体战略定位目标——即大家用这个软件要达到什么样的目的？将这个目的分解量化为清晰的结构化目标后，就开始实施管理软件工程（图9-4）。

图9-4　信息管理系统的战略目标

2. 管理软件的性能目标

在提出以上战略目标时，根据以往的使用经验，公司同时对管理软件的性能目标做了设定（图9-5）。

对系统数据呈现的要求

精准——数据录入及校验、盘存抽查

实时——录入数据时效性、后台计算、3秒呈现

多维——环比、同比、量、效、利全面呈现

全息——数据图表化、可视化，可还原、分解、校正，预警分析

图9-5　管理软件的性能目标

3.公司结构化的战略目标

通过对以上战略目标的分解量化，公司结构化的战略目标设定，如图9-6所示。

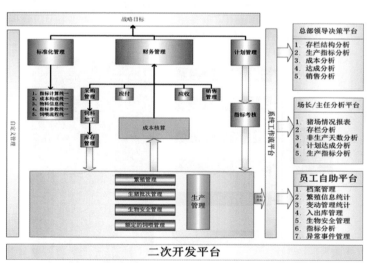

图9-6　公司结构化的战略目标

4.公司总部管理目标

在总体战略目标设定结束后，公司进一步提出了层次化的分级管理战略目标，其中，公司确定了总部管理目标（图9-7）。

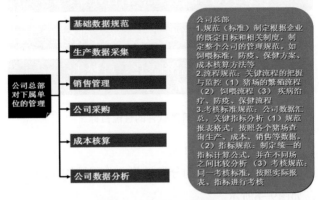

图9-7 公司总部管理目标

5.下属猪场管理目标（图9-8）

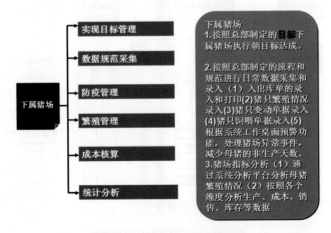

图9-8 下属猪场管理目标

三、初步形成上海祥欣化管理平台系统

图9-9　上海祥欣化管理平台系统手机界面

在清晰的战略目标指导下，在原有开福系统的基础支持下，经过约半年时间的实施，目前，上海祥欣自己的信息化管理平台系统已初步建成（图9-9、图9-10）。

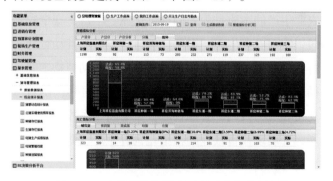

图9-10　上海祥欣化管理平台系统电脑界面

四、公司初步应用收获

在猪场管理信息系统的建立和完善中，上海祥欣畜禽有限公司不同层面的员工都能感受到，上海祥欣化管理平台系统实施和使用对生产经营带来显著的变化。

（1）生产计划及预警功能促进生产经营效率效益提升。

（2）公司各层级信息更加对称，各层级关注点聚焦精确、权限清晰。

（3）数据安全性、合理性和可视化水平进一步提高；冗余信息被过滤，各层级关注点精准投放。

（4）团队执行力和凝聚力明显上升，最终体现在工作效率和生产水平的显著提升。

（5）员工与生产经营信息的"黏合度"增加，公司领导员工感觉与软件有类似"微信"的"黏合度"。

第三节　智能物联网技术在猪场的应用原理

农业生产的本质是为人们提供优质、丰富、安全农副产品的同时，实现农业生态、循环、可持续发展。推动智能物联技术在畜牧产业中的应用，实现物质和能量在动植物之间进行良好的循环，就是为了构建生产安全畜产品的环境。随着国家的政策支持和大力投入，智能物联技术必将在畜牧产业中得到快速发展，开展现代畜牧业的精细化饲养生产、动态监测和安全可追溯管理，实现产业转型升级。

智能物联网技术可应用于畜牧业中。实现牧场的人、机、物一体化互联，进而达到产前、产中、产后的过程监控、科学决策和实时服务的目标。智能物联在猪养殖生产中应用的实例很多，例如，猪场养殖环境智能监控系统、生猪养殖中母猪群养系统、哺乳母猪自动饲喂系统、全自动生产性能测定系统等，都是智能物联技术在养殖生产中的具体应用。

一、猪场养殖环境的智能监控系统

有研究表明，畜禽养殖环境对生产成绩的影响达20%以上。现阶段，我国大部分养殖场都无法做到对养殖环境进行精确调控，从而限制了养殖生产水平的提升。智能物联技术为实现畜禽养殖场的智能监测与科学管理提供可能。该系统通过智能传感器在线采集养殖场环境信息（二氧化碳、氨气、硫化氢、空气温湿度、光照强度等），将采集到的信息通过无线传输等技术传输到服务终端（服务器、电脑、手机等），应用程序根据收集到的信息新进精确计算，并对比预定好的环境参数，自动或者人为对环境控制设备发送指令信号，控制开窗、遮阳、通风、增湿等设备（图9-11）。例如，上海农场光明种猪场和上海祥欣畜禽有限公司东滩种猪场，在生产中采用了猪舍内温度、湿度和二氧化碳智能检测与自动调控系统，收到了较好的应用效果。

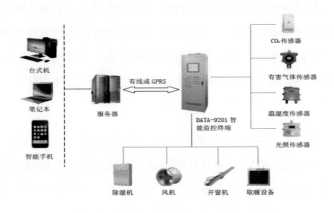

图9-11　畜禽养殖环境智能监控系统拓扑图

二、饲养环节的智能化饲喂系统

众所周知，饲料成本要占到畜禽饲养成本的65%-75%。在生猪生产中，智能化饲喂系统可以根据猪群的不同生长阶段，指定对应的饲喂策略。在母猪妊娠阶段，智能化群养饲喂系统可使母猪摆脱定位栏饲养对其的束缚和应激，同时，实时记录生产母猪采食速度、采食质量和采食时间（图9-12）。通过这些数据的统计分析，利用专用管理软件进行精准饲喂调控，确保母猪膘情适合和胎儿健壮，通过系统测算还可以更好地选择优秀的母猪用于后续生产。在母猪产房阶段，哺乳母猪要实现按需采食和采食最大化，哺乳母猪由于产仔数量和产仔时间的不同，需要个性化饲喂。智能化饲喂可以通过"少食多餐"原理，合理进行分顿饲养，指定个性化的饲喂曲线，尽可能接近母猪的最佳采食状态，实现母猪采食量最大化和泌乳最大化（图9-13）。对于保育和育肥猪，智能化饲喂体系可动态监控饲料消耗量，自动调节饲料和水的比例，满足不同育肥阶段猪群的采食需求，实现猪群生产全程可追溯，饲养效率最大化。另外，智能化系统可动态监控各阶段猪的采食质量和采食行为，及时发现体况状态变化，对仔猪健康和母猪体况进行警示。目前，在上海已有多家规模化猪场采用智能化设备的应用。从应用结果来看，母猪繁殖、哺乳指标以及仔猪、育肥猪的生长发育指标都有显著上升。

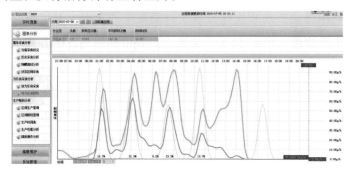

图9-12　智能饲喂系统所采集数据表明母猪最佳采食时间是晚上

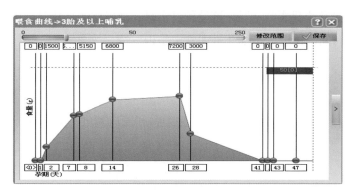

图9-13　通过智能饲喂系统制定3胎及以上母猪产房最佳饲喂曲线

三、生产管理环节的智能化系统

猪场智能物联系统实现了终端生产管理数据的实时采集，实时数据采集实现了养殖生产过程可视化。在猪场生产管理环节，猪场的生产管理更多地依靠软件操作自动化机器，而不是传统模式的人工来进行管理。通过体征指数传感器，例如，体重传感器、红外传感器、体温传感器，实时收集生猪个体生理状态，并将数据技术传输到服务器，进而指导生产。如利用母猪产房智能化设备实时采集生产数据，开展母猪产房生产管理（图9-14）。又如，上海市种猪测定中心和上海几家大型猪场在用的FIRE全自动生产性能测定系统（Feed Intake Recording Equipment），采用RFID电子耳牌的识别技术，在群体饲喂环境下对测定个体进行识别，对测定猪的相关数据（如采食时间、采食量、体重等）进行精确测定。测定所得的数据通过FIRE系统专用的软件进行处理，最终形成生产实践中所需要的各种数据报告和图表。对于母猪发情鉴定，可利用母猪发情智能鉴定器，该设备可实时、准确监测母猪对公猪接触时间、体温等指标，进而判定是否发情。

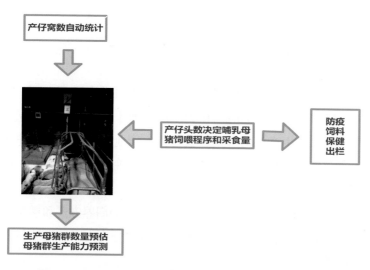

产仔窝数自动统计

产仔头数决定哺乳母猪饲喂程序和采食量

防疫
饲料
保健
出栏

生产母猪群数量预估
母猪群生产能力预测

图9-14　利用母猪产房智能管理系统开展生产管理的示意

四、生产安全预警和畜产品可追溯系统

特定区域猪的繁殖率和生产水平理论上是动态恒定的，现实中常常由于疫病等原因导致区域内猪养殖生产力的改变。智能化系统可动态监控生产数据，根据动态数据的监控，与监测数据库中的疫病信息相比对，及时监测猪的健康情况，从而实现区域内猪疫病爆发的预警，实现养殖风险可预知。另外，二维码和RFID技术为主的个体标志技术，也是畜产品质量安全可追溯系统的重要技术基石，通过溯源平台，可实现对牧场的生产的每一批次产品进行严格监测和把关，为食品安全奠定基础。

第四节　猪场智能化设施设备应用

一、当前养猪生产及饲养方式

工厂化养猪是我国现阶段规模化养猪生产的主要方式，即以母猪胎次生产必需时间作为生产周期（21周），像工业生产一样，以生产线的形式，实行流水作业，连续均衡的进行生产，生产过程包括：配种、怀孕、分娩、哺乳、保育、育成、育肥等几大环节。

当前国内母猪饲养管理的主要方式分为圈养方式和栏养方式（图9-15至图9-18），饲喂方式主要分为人工、机械和智能饲喂。

图9-15　配怀舍定位栏

图9-16　怀孕舍自由进出栏

图9-17　怀孕舍智能群养栏

图9-18　怀孕舍自由活动栏

二、猪场各阶段智能化饲喂设备

1.母猪智能化群养管理系统

母猪智能化群养管理系统（图9-19至图9-21）是利用RFID（无线射频识别技术）实现了大群饲养条件下对母猪个体的精确饲喂和科学管理，实现了生产过程的高度自动化控制，大大提高了生产效率和经济效益。国内智能化养猪始发于怀孕母猪智能化群养，即在母猪群养舍使用电子饲喂站对怀孕母猪进行个体精准饲养管理的一种方式。自2006年后国内在怀孕母猪智能化群养方面得到启蒙和迅速发展。据不完全数据统计，到2015年国内已经投入使用的电子饲喂站的数量超过2 000台，可以为20万头母猪提供智能化个体精准饲养。该系统具有以下优点。

（1）以母猪动物行为学为基础而研发，充分照顾到了动物福利。母猪群养及适当的运动保证身体更健康，这样可提高仔猪存活率，减少母猪返情、肢蹄问题，从而提升母猪群的繁殖生产效率。

（2）猪场的饲养员不必将饲料直接喂给母猪，而是由母猪自动进入电子饲喂站采食，在饲喂站内，母猪可以在最合适的时机进食定量的饲料，既舒适又安全，这样可以最高效地使用饲料，同时，可以节省时间和精力，

（3）母猪智能化群养系统基于电子识别装置将机械化和自动化连接成一个管理系统，本系统可以与产房等其他阶段母猪的饲养管理连接，可以跟踪和管理母猪的整个周期。软件会自动报告养猪场的任何关注点而采取及时定向行动。

图9-19　母猪智能化群养管理系统

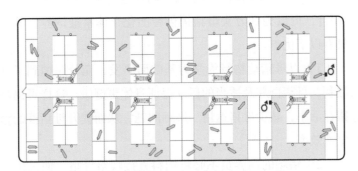

图9-20　母猪智能化群养管理系统应用平面

图9-21　母猪智能化群养管理系统应用猪场内景

2. 配怀舍定位栏母猪智能化群养管理系统

配怀舍定位栏母猪智能化群养管理系统与配怀舍定位栏配套使用（图9-22），安装在饲料输送管线上，每头母猪使用1套。按照猪场饲养管理人员设置的母猪饲喂曲线给母猪投送饲料和水。投送饲料的速度还可以根据每头母猪的采食特性设置，每次小分量（150~300g），多次投送。投送饲料还可以根据母猪触碰料槽内传感器的频率和次数，智能调控。母猪每次采食完成后的信息及时发送主控制系统保存。

图9-22　配怀舍定位栏母猪智能化群养管理系统

3. 哺乳母猪智能化群养管理系统

产房母猪智能化饲养可以将饲料营养的价值最大化。饲料和水的结合让哺乳母猪对饲料有更强的采食欲望，母猪触碰位于料槽内的感应器，在本身需求的时候得到最佳料量的饲料，饲料营养及时转化为奶水，从而让母猪的泌乳奶仔能力大大加强。

哺乳母猪智能饲喂管理系统由主控制系统、投料系统、感应系统和通信系统组成，与分娩舍产床配套使用，可以安装在产床的前门上或饲料输送管道上，感应系统安装在产床料槽内，母猪通过拱动电子感应器来索要食物（图9-23、图9-24）。每张产床匹配安装使用一套。该系统可实现如下内容。

（1）根据分娩母猪的个体特点（产仔数和体况、哺乳天数、胎次、采食速度等），设置最优化个体饲养管理方案：饲喂曲线和饲喂时段，下料速度，下水比例。

（2）母猪通过电子感应器索要食物，系统根据母猪觅食信号，小分量、多次的投放饲料。下料下水同步，采食口感更好，激发采食积极性，增大采食量。

（3）如果母猪没有碰触电子感应器将不会得到食物，避免饲料浪费。

（4）蜂鸣器在为母猪建立"投食问猪"的下料信号，会向控制器发出警示告知工作人员具体是哪头母猪没有吃饲料。

（5）根据猪场经理的技术规范，通过电脑制订饲喂曲线和饲喂计划（图9-25）。

图9-23　哺乳母猪智能化群养管理系统下料感应探头

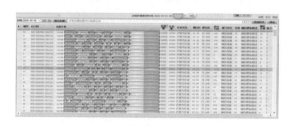

图9-24　母猪实时采食情况

相对于传统母猪产房饲喂模式，哺乳母猪智能饲喂管理系统具有以下优点。

①通过设置饲喂曲线和时段来饲养管理母猪，减少了劳动量和劳力。

②根据母猪食欲设计喂料模式——想吃就吃，减少人为影响，创造更舒适的饲喂环境。

③少量多次下料下水，让饲料营养最大化，提高饲养效益。

④提高哺乳母猪有效地采食量，促进泌乳。

⑤依靠母猪触碰感应头索取食物，及时标记母猪的采食行为信号。

⑥系统及时存储母猪觅食行为信息，帮助饲养管理人员全面认识每一头母猪，通过查看采食信息针对性管理母猪。

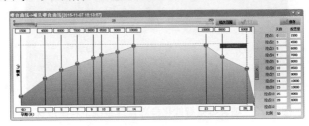

图9-25　饲喂曲线和饲喂计划

4. 保育、育肥阶段智能化饲喂器

保育和育肥阶段的智能饲喂器（图9-26），由主控、投料系统、感应系统和通信系统组成。每台饲喂器可以饲养40～60头保育猪和育肥猪。安装使用简单，可以安装在圈舍的中间实体地面上或者两个栏位中间隔板位置。投入实现时只需要接通电源和水源即可。液态饲喂，帮助断奶仔猪快速渡过断奶难关，比一般饲养方式提高3%的出栏率。具有以下优点。

（1）智能触碰感应，小分量下料，边吃边下料，充分激发仔猪觅食的欲望，提高采食量。

（2）饲料超限报警，自动关闭系统，减少饲料浪费。

（3）可复制的育肥模式，一个工人熟练操作设备后可以饲养管理一个猪场。

图9-26　国内华科智农开发的"易乐食"保育阶段智能化饲喂器

　　总之，猪场使用智能终端（智能饲喂器）可以为每一头母猪精准、精确、精细地投喂饲料，对母猪而言通过高效的营养控制是获得最佳体况的必需措施，而智能设备的应用可以通过饲料营养曲线的设置（饲喂量和饲喂时间、投料速度、加水等），根据每一头母猪的特点（胎次、繁殖指标、采食速度、环境温度）给予个性化的照顾，从而充分发挥母猪的生产潜力。饲料从车间到喂猪料槽实现"干料输送，液态饲喂"。液态料的相比干饲料营养更均衡，适口性更好，更利于猪采食，从饲喂的源头提高饲养效率。猪饲喂采食信息实时上传到主控系统，管理人员可以及时刷新管理终端来查看每头母猪的动态信息，在饲养的过程中对母猪进行及时有效地管护和处理。工人通过控制终端对每一头母猪实现个性化的饲养管理，减少大量的苦力劳作。随着智能终端在猪场的全面应用和熟练操作，一个工人也就可以轻松管理一个猪场。

第十章　猪场环境控制技术

第一节　猪舍内环境控制技术

一、温控系统设备简介

1. 2V4SA是一个适用于家畜舍的用于环境控制的电子设备（图10—1）

它可以运行用户通过控制通风和加热设备的操作来维持一个特定的目标温度。两个阶段的可调速的风机，四阶段不可变速风机以及除冰或ON/OFF风机、合并风扇台、最小通风量设定等都可以被控制。

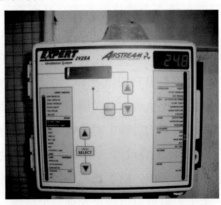

图10—1　环境控制电子设备

2. 54寸和36寸风机（图10—2）

采用了不锈钢硬件和结实的标准，耐腐蚀的铝传动系统支持。高性能螺旋桨三相的高效率电机。耐用的流线型的玻璃纤维外壳和喇叭口，配合百叶窗使用。此外，设计冬季封闭面板也可供选择。

图10—2　猪舍风机

3. 卷帘机（图10—3）

采用直线电机驱动，电力牵引控制，超250kg的承载力。主要用于驱动卷帘的开启或关闭。缺点是工艺要求高，做工不达标会造成钢丝绳强行拉断，摩擦损坏等。

4. 自动运行器（图10—4）

当电源发生故障停电、断电或选择性调温器在极端温度下时，自动运行器将自动下降封闭房间的侧窗帘，从而防止潜在的损失。为极小的投资创造了巨大的回报。

图10—3　卷帘机　　　　　　　图10—4　自动运行器

5. C2000天花板式进风口（图10—5）

它是由ABS材料制成使用年限长，大大增加四面开口的设计，使舍内各处的温度更均匀，空气的流动方向更合理，进风口是完全绝缘的，因此，凝露的现象不会发生进风口，开启和关闭完全由负压自动控制，负压根据风机的开关自动改变。缺点是手动开启操作不方便，空气流通效率低，如能配合缆绳或滑轮将更得心应手。

图10—5　天花板式进风口

6. 湿帘装置（图10—6）

采用水井加水泵加湿帘的传统工作原理。蒸发带来的自然降温效应来应对高温造成的季节性产量下降。其结构简单，维护方便，一次性投入成本低为大部分养殖场所采用。其缺点是夏天温度合适易生长藻类，并附着在湿帘上，影响水的循环效率和泡沫状水介质的产生。并可能逐年降低使用效率。外部影响，农场夏秋季天空中飘着大量棉絮状树花，棚舍内负压将棉絮吸落在湿帘上很难清除，至积累影响通风与制冷。例如，夏天育肥舍外最高气温达35℃以上，棚内东西温差达8℃以上，中间和西侧温差达4℃。料线最后两栏无法做到很好的降温，猪易中暑采食减少。最好方法在标准的基础上增加20%～30%的湿帘面积，并且增大水泵，水井深至12m。

图10—6　湿帘装置

7. TH—1

用于精准控制加热降温通风系统的恒温调节器。并采用不锈钢线圈作为温度感触线圈。可调节的刻度盘可用于作为校正。有很强的耐腐蚀性。本场只作为备用控制，一般不用，缺点是个别测量与实际温度有差别，要调节校正。

8. 24寸变频风机（图10—7）

可以调节最小风机速度，风机起始温度，合并风机阶段，最小补偿等功能的调节。有效地起到通风的作用。缺点是当风机转速低于40%时，无法起到通风作用，低频通风作用不大。当室内温度允许的情况下配合氨气传感器使用，效果更佳。

图10—7　变频风机

9.蝶形导流板（图10-8）

可使空气在两个方向同时直接流进室内，并按需下降到牲畜身上。有操作简单，安装方便等优点。缺点是常用于妊娠舍，其舍跨度大，配合自动卷帘操作起来易断钢丝绳。

图10-8　蝶形导流板

10. VT-110专家系列2基本型是一种用于猪舍饲养用建筑内环境控制的电子装置（图10-9）

该装置对侧壁、自然和地道通风系统进行了结合使用，形成一套功能强势的控制系统。输入：8台室内温度传感器；2台室外温度传感器；1台室内湿度传感器；1台室外湿度传感器；1根静压测针；9台水表。输出：20台内置式继电器与16台可选继电器，可用于控制。缺点是无中文显示操作不方便，系统复杂，面板成本高。

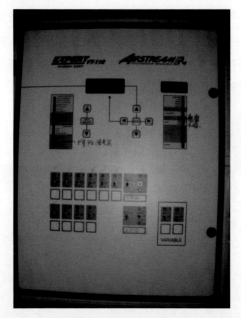

图10-9　猪舍饲养用建筑内环境控制的电子装置

11. 农场自动化场采用水泡粪工艺

该工艺能够及时有效的清除舍内的粪便，尿液，减少粪污清理过程中劳动力的投入。减少冲洗用水，提高养殖自动化管理水平。工艺流程是在猪舍内的排粪沟中注入一定量的水（5~15cm），饲养过程中，粪尿，饲养管理用水一并排到缝隙地板的粪沟中。储存一定时间，粪沟装满后，打开水泡粪的球阀，将沟中粪水排出，粪水流入主干管道后，进入地下贮粪池用泵吸收至地面贮粪池，经6个月发酵处理后，输送到场外扬水站直接灌溉农田，达到变废为宝，保护环境的目的，从而实现种养结合生态循环型大农场的可持续发展。缺点是由于粪便长时间在粪沟中停留，形成厌氧发酵，产生大量有害气体。恶化舍内环境，危害人和猪的健康。并且每次清棚后，粪沟中的粪淤很难清除，清除不干净，工作量大。

二、环境控制操作技术

1. 公猪舍、配种妊娠舍环境控制技术

（1）各阶段温度开始和关闭的程序在温控系统设备安装完成后已经自动编排到程序里面，根据界面操作上的 set point 选项可以设置风机第一阶段启动温度，之后会有自动的既定程序开启以下阶段温度的启动时间，但是在生产中因为地域、季节、气候等情况的不同，设定好的既定程序不能完全符合生产需求，例如，冬季的温度与通风的矛盾、夏季 set point 设置在21.5℃之后的以下阶段不一定能够符合低压天气重胎母猪的通风需求等。温度灵活调控还可以通过以下两种方式。

例如，设定风机起始温度为21.5℃，之后设定每升高1.1℃开启下一阶段，那么对于2V4S，温度达到27℃，全部风机启动，温度达到28℃开启了湿帘。其次是对于妊娠舍的VD110，根据需要设定setpoint之后，如果遇到重胎猪较多和气压较低的情况，就需要适当降低下一阶段风机启动温度，以便提早加快通风量，可以在start stop TEMP的Fan stage里面合理调整下一阶段的风机启动和停止温度。

在安全情况下应定期拆卸风机外的百叶窗用水清洗或者抹布擦拭积在上面的粉尘，以减少灰尘对于风机通风效率的影响。

（2）除了夏季，一般在外界温度适宜的情况下白天可以采用自然通风，摇下南方卷帘增加光照。

（3）排污系统维护。禁止杂物掉落漏缝地面上，包括铁丝、扫帚、各种线、输精管、塑料纸、瓶盖、山芋藤等能够阻塞的物品。定期检查地下粪污是否有达到水泡粪的要求，粪污较稀能够流通，水量不够的要人工放水进去，并且定期排放。

2.产仔舍环境控制技术

（1）夏季温度的控制。24℃时开启变频风机（风机1），26℃时开启风机（风机2），28.5℃开启大风机（风机3），28.5℃时开启湿帘。断奶仔猪，风机启动温度设为29℃。

（2）冬季温度的控制。地沟风机全关，原始温度设为26℃，27℃时开启变频风机，温度过低时开启水循环加热系统。

3.保育舍

（1）调温。进猪第一周内保持30℃，以后每周降1℃。重点和难点在春、秋、冬季节，每年4月下旬至7月上旬、9月下旬至10月中旬，刚进猪的个别棚舍可采取小焦炭炉增温；每年10月下旬至第二年的4月中旬采用大锅炉利用地暖和暖风机增温；确保进猪时干燥，杜绝冲洗干净后72h内进猪，相对湿度小于或等于75%；春秋季，防止早晚和夜间温度变化过快，这期间在日龄较小的棚舍内放1~2个油汀增温；保育舍刚转入的小猪的单元设置30℃启动变频风机，温度每升高1.1℃再开启一个风机，达到33℃时4个风机全部打开，湿帘启动，报警温度设为35℃；对于中大猪单元设置23℃启动变频风机，温度每升高1.1℃再开启一个风机，达到30℃时4个风机全部打开，湿帘启动，报警温度设为33℃。同时设置挡风板，每开一个风机打开20%，以此类推最后一个风机开启时挡风板100%打开。

（2）EXPERT2V4S温控系统。EXPERT2V4S温控系统（图10-10）是一个适用于猪舍的环境控制的电子设备。它可以运行用户通过控制通风操作来维持一个特定的目标温度。

温度控制器的房间内室温必须始终保持在0～40℃，仅使用于室内。为避免控制器暴露于有害气体或过于潮湿的环境中，应将控制器安装在走廊上。勿将水喷溅在控制器上，可使用湿布擦拭清洁温度控制器。

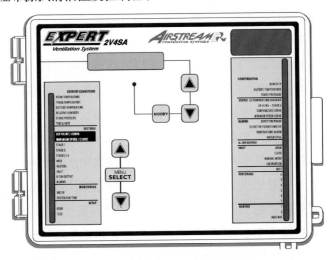

图10-10　EXPERT2V4S温控系统

（3）棚舍内的进气窗在风机开的时候要关闭，只有在秋冬季风机不常打开的情况下才打开，起到通风的作用。

（4）冬季通过地暖和热风机来进行供暖，地暖一般是锅炉房通过锅炉加热使出水温度达到40℃，回水温度在30℃左右，实现一个热水循环来供暖。仔猪转进前先将地暖全部打开并将暖风机打开预热，仔猪进入棚舍后，白天根据棚舍温度来决定暖风机的开关，夜间一定全部开启。待仔猪转进后半个月根据猪的大小，密度和棚舍的温度来决定是否关闭地暖，夜间靠暖风机来保温，但是必须保证最小通风量。

（5）地沟粪水1个月排1次，地沟两头各有1个球塞，每次排粪水时只需要拔1个，下1次就拔另外1个。

（6）风机百叶窗每个月卸下冲洗1次，不得对着风机的电机冲水。

4.育肥舍环境控制

（1）调温。夏季育肥舍设置23℃启动变频风机，温度每升高1.1℃再开启一个风机，达到30℃时6个风机全部打开，湿帘启动，报警温度设为33℃，同时设置卷帘，每开一个风机打开20%，以此类推最后一个风机开启时卷帘100%打开。（要注意水井正常供水，供水不足时要人工接自来水对水井进行补水）；冬季育肥设置基础温度26℃，12月至翌年3月采用大锅炉利用地暖增温；确保进猪时干燥，杜绝冲洗干净后72h内进猪，相对湿度小于或等于75%；春秋季，防止早晚和夜间温度变化过快，这期间在日龄较小的棚舍内放1～2个油汀或焦炭炉增温。

（2）EXPERT2V4S温控系统。可以运行用户通过控制通风操作来维持一个特定的目标温度。

（3）正确处理好保温与通风的关系。春、秋季，气候温差大，需收听天气预报，掌握天气变化和昼夜温差变化，防止早晚和夜间温度变化过快，早晚温差控制在5℃为宜。冬季以保温为主，兼顾通风，日龄较小的棚舍采用大锅炉利用地暖进行加温。

5.注意事项

（1）棚舍内的进气窗在风机开的时候要关闭，只有在秋冬季风机不常打开的情况下才打开，起到通风的作用。

（2）冬季通过地暖进行供暖，进猪前检查地暖管道是否畅通，以及南边的卷帘布和湿帘处的卷帘布是否有破损。地暖是锅炉房通过锅炉加热使出水温度达到40℃，回水温度在30℃左右，实现一个热水循环来供暖。仔猪转进前先将地暖全部打开预热，待仔猪转进后2周后根据猪的大小、密度和棚舍的温度来决定是否关闭地暖。个别棚内温度过低需添加煤炉进行保温，需注意煤渣不能掉入漏缝板下，同时，注意煤炉不应靠近卷帘布、料筒、温控面板以及料线。

（3）地沟粪水1个月排1次，地沟两头各有1个球塞，每次排粪水时只需要拔一个，下一次就拔另外1个。

（4）风机百叶窗每个月卸下冲洗1次，不得对着风机的电机冲水。

三、自动化猪场环境控制突发问题应急处理预案

1. 断电报警

自动化设备的运行完全依赖于电，突然停电立刻通知电工检查原因。突然停电分两种情况：一是全场停电；二是个别棚舍停电。全场停电需要检查场内变压器，及时与供电所沟通；个别棚舍停电检查该棚舍线路、设备，及时排除故障恢复供电。在恢复供电之前需要组织人员在10min之内将停电棚舍的卷帘、北窗（夏季）、门全部打开，虽然有自动脱落装置，但也要检查每条棚舍的脱落情况，防止自动脱落装置失灵。冬季要根据猪群日龄适当控制卷帘开启的大小，防止温度过低引起腹泻的发生。在恢复供电之后，在10min之内将卷帘、北窗、门全部关闭。

2. 高温、低温报警

发生高低温报警，首先到该棚舍用物理温度计校准棚内实际温度，防止温控探头失灵造成误报警。

高温报警立即检查风机运行状态，风机运行时间过长偶尔会发生过载保护自动停止的情况，出现故障及时通知电工检查原因。查看湿帘是否完全湿透，湿帘断水有四种情况：一是水泵不工作，先查看水泵电源插座是否有电，有电就是水泵坏了，及时更换水泵，坏的送去修理，电源插座没电就要检查棚舍配电箱是否出现短路等现象，通知电工及时排除故障；二是水位不够，需向井内补水同时查看湿帘是否漏水造成回水不足；三是出水孔杂物堵塞，需及时清理；四是水泵出水管脱落，需及时接上恢复供水。

低温报警立即检查热水循环水泵工作是否正常，再查看锅炉水温是否达到要求温度，水温过低需开大风门，多加点炭。再次到棚内检查地暖水循环系统是否畅通，手摸回水管是否有温度，查看开关、接头处是否漏水，如有问题及时通知水工修理。如果热水循环系统运行正常，温度还是没有达到预设温度，就要人工添加1～2个焦炭炉进行加温。另外，还要检查棚舍卷帘布是否有破损，窗户有没有完全关闭等情况。

第二节　上海农场粪污综合利用技术

猪粪水中含有大量的N、P、K矿物质和有机质，不仅能为作物提供丰富的N、P、K等营养元素，还可增加土壤有机质含量，改善土壤团粒结构，提高理化性能，提升土地等级，提高单位产量，改善稻麦品质和口味，促进种植业的可持续性。据欧盟报道，1头生猪一生向外界排放约1.32t液态粪水，1t粪水中营养物质NH_4-N的总量约1.5kg。据"江苏省种养平衡区域一体化政策研究项目"研究表明：以满足氮素需要为前提，耕地的全年纯氮用量为36～40kg/667m^2。上海农场农作物近3年来纯氮用量：水稻20～22kg/667m^2、大小麦16～18kg/667m^2，两者相符。按照作物需肥特点及农场猪粪水田间试验结果，有机肥占30%～40%比较好。因此，根据数据测算，在农场稻麦两茬的耕地上，每667m^{2}耕地可以饲养5头生猪。

一、粪污综合利用指导原则

以改善环境质量为根本，以猪废弃物资源化的环境容量为基准，以循环利用生态还田为路径，遵循简单、减量、廉价、实用原则，建立符合国有农场特点的畜牧业环境保护综合利用体系。

二、粪污综合利用主要途径

1. 减量化排放

使用雨污分离设施，减少排放总量；使用高压冲洗机械，减少冲棚用水量；使用节水设备，减少饮用水浪费；使用酶制剂，减少粪水中P的含量和改善臭气质量；使用垃圾分类管理制度，减少白色污染和无机垃圾使用量。

2. 无害化处理

死猪、胎衣、生物制品瓶袋、药品瓶袋、注射针头等需要分区深埋处理，厕所垃圾采取生物过滤法处理。

3. 资源化利用

（1）粪渣、尿液、冲栏水等100%收集进入预存池，通过污水泵从预存池抽到固液分离机，分离出的固体送到有机肥料厂生产有机肥，作为花卉或大田肥料使用。液体进入爆氧塘氧化，熟化后通过地下管道或机械下田，作为肥料利用。

（2）粪渣、尿液、冲栏水等100%收集进入预存池，通过污水泵从预存池抽到固液分离机，分离出的固体送到有机肥料厂生产有机肥，作为花卉或大田肥料使用。液体进入沼气池发酵产沼气，沼气发电，采用并网不上网的模式将发出的电供生产使用。沼渣、沼液进行爆氧后还田。

4. 规范管理

建立分区环保责任制，确保沟系整洁通畅、场区和围河无杂草、无白色污染；沟渠路旁和办公区绿化率100%；空地可种植矮秆作物等。

三、粪污综合利用标准

（1）猪田匹配，确保土地有充足的承载能力。猪场年上市生猪头数与周边农田数量成正比，按照猪粪和尿液100%利用的原则，每亩地承载5头上市生猪。

（2）猪粪和尿液储存能力和时间。每上市1万头生猪，需要5 000t的防漏储存池，粪水储存时间为6个月，实行分池发酵。

（3）零排放。所有的猪粪固体和液体（尿液和废水）必须全部收集，进入储存池，发酵后投入农田。

（4）猪场围河能养鱼。

（5）森林覆盖率≥50%，环境绿化率100%。

四、猪场粪水还田管理办法

按照"减量化、无害化、资源化、生态化"的指导原则，猪场内粪水经6个月发酵处理后，通过Φ160mm的PE管道输送到场外扬水站直接灌溉农田，或通过粪车施入旱田，达到变废为宝、保护环境的目的，实现种养结合生态循环型大农业的可持续发展。

1. 粪水管理

管道管理实行专人负责制。猪场负责场内及场外还田管道的前期建设，场外部分建成后移交给种植业中心维护管理。

（1）粪水经直径315mm PE管自流或人工抽入预存池。

（2）当预存池内粪水达到设定液位高度时，由粪泵自动将粪泵至大储存池内。

（3）大储存池内粪水经6个月左右时间自然发酵后，直接灌溉周边农田。

（4）严格实行雨水和粪水的分离，各棚舍的屋檐口架设专用的接雨水槽，直接进入排沟；场区沟系配套、畅通无阻，杜绝雨水进入预存池。

（5）为了减少猪场用水量，实现减量化排放，每条棚舍和住户均安装水表，核定用水总量，建立考核机制，奖惩按月兑现。

（6）猪舍每个排水口处安装栅栏网，主粪沟需安装多级栅栏网，减少杂物流入储存池，同时每周清洗去杂1次，破损后及时更换。

（7）预存池每周清理1次，剔除杂物。

（8）大小粪泵每年保养2次，确保正常运行。

2. 干粪管理

（1）猪棚内实行干湿分离，人工捡粪送至干粪大棚，每车猪粪给予0.3～0.5元报酬。

（2）干粪大棚内的猪粪定期运送到有机肥厂。

（3）干粪大棚四周沟系通畅，不得有外溢现象。

3. 杂物管理

（1）严禁将饲料袋、封袋口线头、针头、针筒、输精瓶袋、输精管、纸盒、胎衣、塑料制品、杂物等扔进粪沟内，防缠绕烧毁粪泵。

（2）棚舍内外所有杂物应集中存放，严禁随处乱放。严禁将杂物直接扔进预储存池和储存池内。

（3）每周五14:00～15:00全场彻底清理内外环境杂物1次。

4.还田管理

（1）整个粪水处理系统由本场专职的水电工负责日常开启运行（原则上预存池满即开，排空即关），定期巡查、发现异常，及时停泵检查，防止污水泵烧毁。

（2）粪水抽出前，专职人员协调好与周边农田灌溉工作，做到生产队扬水站水泵和猪场粪泵及时同步进行，确保粪水流量与灌溉水流量比例为1∶100。按照生产队要求，有序排放，精确施肥，粪水流量一般75～80t/h（图10-11）。

图10-11　粪水还田现场

（3）每年秋播前，畜牧场需主动与生产队协调好第二年预留秧田位置，确保冬季粪水能够排入预留秧田，作为绿肥肥料被利用。

（4）两个大储存池有计划地使用，遵循"先存先排"原则，确保粪水在储存池内发酵时间，避免发生烧苗现象。

（5）每年生产队水稻最后一次用水前，必须清空储存池，一般在10月1—5日，确保冬季有足够的储存能力。

（6）一旦冬季储存池粪水储满后，可采用机械施入麦田、泵入预留秧田或林地，不得排入土渠，杜绝排入河流污染环境。

5.安全管理

（1）随时关闭预存池井盖，同时，在预存池旁设有警示牌。

（2）严禁在预存池或储存池附近存放任何易燃、易爆物品，防止发生爆炸。

（3）严禁在预储存池和储存池附近逗留玩耍及攀爬，防止跌入池内引起中毒身亡。

（4）保养、维修粪水泵必须2人以上在场进行，严禁1人单独操作。

沼气工艺流程，见图10—12。

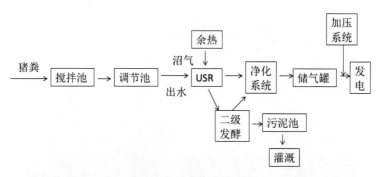

图10-12　沼气工艺流程

　　废水处理工艺前端设置混合搅拌池，使粪污充分搅拌均匀后进入调节池。废水经提升至USR厌氧消化罐，在池内同时完成消化反应、污泥浓缩反应及出水澄清等功能，出水再经过二级发酵，沼液经过污泥浓缩池后用泵打出，用于农田灌溉；产生的沼气在密封的反应器中得到收集经过脱水及净化储存在气柜中，气柜中的沼气经过压缩后进入发电机发电，机组产生的热用来加热反应器（图10-13）。

图10-13　沼气发电

6. 粪污综合利用管理

（1）畜牧公司。

①明确工作的责任主体，经理为总负责人。

②与种植业中心、畜牧场、有机肥料厂沟通协调。

③督查畜牧场、粪水还田前段工作的实施状况。

④做好相关台账。

（2）猪场。

①控制粪水总量、进行固液分离。

②100%收集、氧化。

③安装粪水输送管道。

④与生产队沟通输出时间。

⑤做好相关台账。

（3）有机肥料厂。

①干粪便100%加工生产成有机肥料。

②编制有机肥料年生产量、季度生产量，安排有机肥料输出时间和输出量。

③做好相关台账。

（4）种植业中心。

①明确工作的责任主体，主任为总负责人。

②与畜牧公司、各生产队沟通计划及协调各项工作。

③根据粪水、有机肥的输出计划，制定生产队还田、施用计划方案。

④组织实施粪水还田的科技试验，制订相应操作规程，明确不同作物品种不同生长阶段的还田时间及还田量以及化肥减量标准。

⑤做好相关台账。

（5）生产队。

①配合种植业中心做好有关科技试验。

②安排好还田计划和责任人，保证接收粪水、有机肥料全部还田。

③负责粪水输送渠道（明渠）的建设、清理、维护。

④做好相关台账。

第三节　上海祥欣畜禽有限公司粪污综合利用技术

上海市规模化畜禽养殖场污染减排实施方案中将减排工程模式分为四类：沼气工程、生态还田、污水纳管、达标排放。因各场周边环境条件的不同，上海祥欣畜禽有限公司目前采用沼气工程和污水纳管两种模式。

一、沼气工程模式

上海祥欣东滩国家生猪核心育种场位于东海之滨，周边有上万亩农田。东滩场采用的是全漏缝免冲洗工艺模式，粪污处理采用的是"沼气发电+沼液还田"的先能源、后资源的综合处理模式（图10-14）。

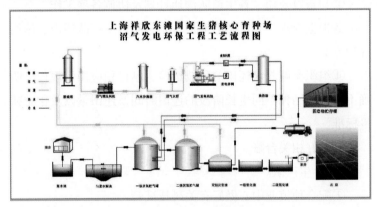

图10-14　粪污处理模式

1.工程参数

（1）设计发酵污水量。300t/d（50t鲜粪，250t污水）

（2）厌氧发酵参数。中温发酵罐有效容积2 200m^3，常温双膜厌氧发酵池有效容积2 1000m^3，水力停留时间7d（中温发酵罐）+70d（常温厌氧双膜发酵池），pH值为6.8~7.2，发酵罐运行温度33～35℃，发酵池运行温度为常温，发酵罐（池）日产气量2 250m^3。

（3）发电、储气参数。最大发电量4 100度/d，储气容积1 000m^3，最大间隔时间≤10h，间隔时间内最大产气量≤1 000m^3。

2. 工程规模

中转匀浆池4座，匀浆水解池1座，1 200m^{3}厌氧罐1座，1 000m^{3}厌氧罐1座，500m^{3}储气柜2座，25 000 m^{3}双膜厌氧发酵塘，13 200m^{2}氧化塘，250KW沼气发电机组，5 760m^{2}固态物贮存棚，33 310m沼液管网。

3. 工程意义

东滩场沼气工程通过沼气发电及沼渣沼液每年可获效益约150万元。沼气工程更重要的是将种、养业有机结合，打造经济、生态、社会效益统一的循环经济模式，既解决了养殖业污染问题，又为种植业提供了有机肥料，同时提供清洁可再生能源，最终实现养殖业、种植业和环境产业的良性循环，具有巨大的社会、生态效益。为加快农业环境污染治理、保护生态环境起到很好的示范作用，对提高广大公众保护生态环境意识，促进农业资源综合利用和农业农村经济可持续发展，具有积极而深远的意义。

4. 工程实景

工程实景，见图10-15至图10-18。

图10-15　二级厌氧发酵贮气罐和匀浆水解池

图10-16　好氧塘

图10-17　农田管网

图10-18　沼气发电机组

二、污水纳管模式

滨海场采用的是干清粪生产工艺（图10-19），鲜粪经固液分离后，固体部分外运到有机肥厂生产有机肥；液体部分进入污水管道，与其他污水一同经"厌氧-生化"处理方式，达到养殖业污水排放标准，排入城市污水管道，最后由专业污水处理厂统一处理排放。

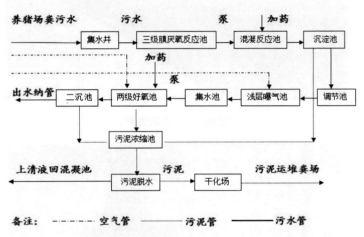

图10-19　纳管排放污水治理工艺

1. 污水水量水质及设计要求

该猪场年出栏1万头，采用干清粪养殖方式，污水日最大排放量不超过70t；故污水处理设施按70t/d的处理量设计。经现场多次取样检测，厌氧出水水质指标，如表10-1。

表10-1 进水量及水质

项目	水量（m³/d）	COD$_{cr}$（mg/l）	BOD$_5$（mg/l）	SS（mg/l）	NH$_3$-N（mg/l）	P（mg/l）	pH值
水质	70	3 000	1 700	1 000	1 000	60	7

　　猪场粪污水经深度处理后达到上海市及国家《畜禽养殖业污染物排放标准》GB18596-2001排放要求。具体如表10-2。

表10-2 出水水质指标

项目	COD$_{cr}$（mg/l）	BOD$_5$（mg/l）	SS（mg/l）	NH$_3$-N（mg/l）	P（mg/l）	蛔虫卵个/l	大肠杆菌数个/100ml
排放标准	400	150	200	80	8	2	1 000

2. 工程工艺

　　根据滨海场污水水质和排放要求以及环保场地小、布局紧凑特点，对厌氧污水采用"混凝沉淀-浅层曝气-收集池-两级好氧生化-沉淀出水"工艺。由于养猪场废水的COD$_{cr}$高、氨氮高，SS高，C/N不理想，以至于生化效果不佳，所以在进入生化系统之前有必要对原废水进行合理的预处理，以便达到生化的各项理想的环境。本系统分为四个分系统，即混凝沉淀系统、浅层曝气系统、生化系统、污泥处置系统。前面两个系统是对原水的一个预处理，混凝沉淀系统主要是用于去除小颗粒悬浮物以及为浅层曝气系统提供必要的pH值，浅层曝气系统的作用是将废水中大量的氨氮转化为氨气、氮气并通过鼓风对其吹脱出去。生化系统采用的是A/O工艺，通过微生物自身的代谢可将废水中的COD_{Cr}和氨氮以及其他的营养物质转化为自身物质，达到COD_{Cr}和氨氮的降至排放标准排放目的。由于前3个系统中不可避免的产生或多或少的污泥，这就要求对污泥进行处置，本系统中的污泥处置系统采用的是板框式压滤机，可将污泥压滤成饼以便进一步处置。

3. 工程效果

各处理单元预期处理效果及出水水质，见表10-3，表10-4。

表10-3　废水处理工艺预期运行效果

处理单元名称	COD_{cr}		BOD_5		SS		NH_3-N		P	
	出水（mg/l）	去除率（%）	出水（mg/l）	去除率（%）	出水（mg/l）	去除率（%）	出水（mg/l）	去除率（%）	出水（mg/l）	去除率（%）
厌氧出水	3 000		1 700		1 000		1 000		60	
混凝池	3 000		1 700		1 000		1 000		60	
沉淀池	1 800	40	1 020	40	200	80	900	10	12	80
前调节池	1 800		1 020		200		900		12	
浅层曝气池	1 800		1 020		200		270	70	12	
后调节池	1 800		1 020		200		270		12	

（续表）

处理单元名称	COD_{cr} 出水（mg/l）	CODcr 去除率（%）	BOD₅ 出水（mg/l）	BOD₅ 去除率（%）	SS 出水（mg/l）	SS 去除率（%）	NH₃-N 出水（mg/l）	NH₃-N 去除率（%）	P 出水（mg/l）	P 去除率（%）
一级好氧池	360	80	153	85	80	60	108	60	6	50
初沉池	342	5	145.4	5	72	10	108		5.4	10
二级好氧池	273.6	20	101.7	30	57.6	20	21.6	80	3.2	40
二沉池	246.2	5	96.6	5	51.8	10	21.6		2.9	10
排放标准	400		150		200		80		8	

表10-4　检测报告

（单位：mg/L）

监测项目及单位 \ 采样位置 采样时间	废水总排口 10:00	参考标准 GB 18596—2001 表5
pH值（无量纲）	6.23	—
化学需氧量	181	400
生化需氧量	47.6	150
氨氮	22.6	80
样品状态	微浑	—

注：参考标准由委托方提供；"—"表示GB 18596—2001中未作规定
以下空白（End of report）

4. 运行费用

厌氧污水处理动力消耗，见表10—5

表10—5　动力消耗

序号	名　称	装机容量（kw）	运行容量（kw）	备　注
1	污水泵	0.75	0.75	7h
2	搅拌装置	1.1×4	1.1×3	7h
3	搅拌装置	0.75	0.75	5h
4	高压离心风机	15.0×2	15.0	12h
5	污水提升泵	0.55×4	0.55×2	18h
6	罗茨鼓风机	7.5×2	7.5	16h
7	加药系统	1.1×2	1.1×2	7h
8	污泥回流泵	0.55	0.55	8h
9	污泥泵	2.2	2.2	0.5h
10	搅拌装置	1.5	1.5	5h
11	压滤设备	3	3	5h
12	照明等	0.2	0.2	5h
	合　计	62.75	38.05	

（1）动力消耗费用（当地农电按0.63元/KW·h估算）。

（0.75×7+1.1×3×7+15×12+0.55×18+7.5×16+1.1×2×7+0.55×8+2.2×0.5+1.5×3+3×5+0.2×5）×0.63/70=2.98元/t 水。

（2）药剂费。5.6元/t 水

（3）人工费。操作工1人，月薪按3 000元计，折合1.43元/t 水。

（4）污水处理运行费用为10.01元/t 水。

第十一章　猪场生产经营绩效考核管理实践

改革开放以来，随着市场经济的发展，中国养猪行业也由家庭副业的庭院式饲养方式向规模化、产业化方向不断发展和完善。像其他行业的发展一样，养猪行业的发展也经历了由稀缺状态的高利润向供给丰富状态的低利润逐渐转变，特别是近年来经历了一段较为长期的生猪价格持续低迷后，大家意识到以"成本、效率"为主要特征的养猪行业新时代已经到来。养猪企业的盈利模式正在由"规模+行情"向"成本+效率"发生着转变，这个过程对于很多企业是很痛苦的，面临着两难抉择。改变当然是必然，关键是如何结合企业的实际情况来制定绩效管理方案，进而明确员工工作内容与标准，引导员工工作努力方向，激励员工工作热情。

第一节　猪场绩效考核管理概述

一、绩效考核管理

所谓绩效考核管理，是指管理者与员工之间在目标和如何实现目标上所达成共识的过程以及增强员工成功地达到目标的管理方法及促进员工取得优异绩效的管理过程。绩效考核的目的在于提高员工的能力和素质，改进与提高公司绩效水平。

绩效管理是企业工作的难点和制高点，它在实际操作过程中很复杂。因为绩效管理的对象是人，人和机器最大的区别是人有思想、有情绪，会产生业绩的波动。同时，考虑到许多企业在绩效考核管理中经常会出现业绩做得越好的员工，越不遵守纪律，越不尊重游戏规则，这种员工在企业大力发展的过程中，将成为企业的阻碍。即过分强调了业绩，而忽略了对行为的培养，所以我们对员工的绩效考核包括了两个方面，分别是业绩考核和行为考核。正如一位管理大师所说："不管绩效考核管理多么难执行，但是迄今为止，我们还没有发现可以替代考核的更好的工具，管理者必须要用好这一工具。"

二、绩效考核分类

绩效考核从层次上分单位考核和个人考核，依职位层级不同，单位考核结果与个人考核的业绩相互联系程度不同。从时间上分平时（日、周、月、季）与年终考核，年终考核是平时考核的积累。

生产单位主要考核生产水平，以行业水平为依据和年初下达的计划指标完成差异情况评论，以此主要反映经营管理人员的业绩，也是对相关联的各专业管理人员的评价。一般管理者个人考核主要是达到条线或者阶段生产水平业绩差异或者个人完成职责的程度、工作量大小。

业绩考核就是针对不同岗位的工作责任、承担结果，制定相应的业绩指标，在月度生产结算时，根据指标数据完成结果量及差异来进行考核。行为考核就是针对不同岗位的工作内容、操作标准，制定相应的行为过程标准来考核。

三、猪场开展绩效考核难点和思路

如果说绩效考核是企业工作的难点，那么猪场的业绩考核则是难上加难。原因是中国目前大多数的猪场标准化程度低，数据难以采集，疫病引起的生产水平波动大，员工工作能力和文化程度普遍偏低以及流动频繁等原因，这些就造成了在工业企业已经普遍实行的绩效管理，在猪场中却是开展的多，能够持续下去的少。

在充分考虑这些因素后，我们认识到猪场业绩考核的前提和基础就是数据的真实性和指标的客观性，必须首先解决这个问题。其次在考核金额额度上，一是要结合企业的实际情况采取渐进性的策略，让员工逐步认识、理解并接受考核方案，进而自觉的完善自己的被考核工作；二是建立以基本工资结合岗位工资为主、业绩考核工资为辅的考核方案。

第二节　上海农场畜牧公司绩效考核实践

一、绩效考核总原则

（1）定岗定编、薪酬包干、层级考核、绩效优先。

（2）公司根据各畜牧场规模大小和饲养模式确定各场员工总数和工资总额，核算出各场人工单项成本，计入生产总成本，包干使用。

（3）各畜牧场每月对技术人员（含副场长）进行生产指标考核一次，公司每季度对各畜牧场进行绩效指标（主要为"斤成本"）考核一次，根据考评优劣分别发放考核工资。

（4）各场应以均衡生产为前提；绩效考核以基础母猪数为基础，以MSY21.5头为指标，以上市生猪均重110kg为参照，以公司核定各场"斤成本"为依据，季度或年终考核高于或低于核定"斤成本"，按相应比例扣罚或奖励。

二、员工薪酬构成

总薪酬=基本薪酬+加班工资+绩效薪酬（其中，基本薪酬+加班工资占总薪酬的60%）

注：

①基本薪酬=岗位工资+技能工资（工资工龄、学历工资、专业技术职务或技能等级工资）+津补贴。

②加班工资：每月固定加班4d，按岗位工资的200%发放加班工资。

③绩效薪酬：过程绩效薪酬（20%）和年终绩效薪酬（20%）。

三、绩效薪酬考核方案

1.过程绩效薪酬

（1）月度考核。各场每月对技术人员（含副场长）进行生产指标考核，根据考核分值计算当月绩效薪酬并兑现50%，余额在公司季度考核时按全场"斤成本"考核结果统一结算，每季度清算1次并全额兑现。场长在季度考核时按季度"斤成本"考核兑现（表11-1）。

表11-1　月度标准绩效薪酬

场长（元）	副场长（元）	场长助理（元）	技术员（元）
2 500	1 500	1 200	1 000

（2）季度考核。公司要求财务在财务分析中增加每个季度汇总分析，每季度对各场"斤成本"进行考核，根据考核结

果和当月上市生猪总质量计算绩效工资总额。

①当实际"斤成本"与核定"斤成本"相当时，按月考核结果全额兑现当季度应发放的月度考核绩效薪酬。

②当实际"斤成本"低于核定"斤成本"时，降低部分的15%乘以当季上市生猪总质量计算奖励绩效薪酬总额。（不含当季应兑现的月度考核绩效薪酬）。

③当实际"斤成本"高于核定"斤成本"时，超出部分的7.5%乘以当季上市生猪总质量计算扣罚绩效薪酬总额。

④副场长以下在当季尚未兑现的50%月度考核绩效薪酬中扣除，扣完为止。场长扣除额以当季标准绩效薪酬的2/3为上限。

季度考核薪酬计算方法：以配种妊娠、哺乳、保育、育肥各段月考核分值的平均值为基础，场长×4，副场长×2.2，场长助理×1.5为标准，计算当季奖扣绩效薪酬。副场长、场长助理跨条线管理或所管条线有其他技术人员的，按所管理技术人员考核分值和各段权重计算考核分值，各段权重和水电工考核由各场场长自定。

绩效奖扣总额/全场总分值=每分值所占金额

个人奖励金额=每分值所占金额×个人季度平均考核分值

个人扣除金额=每分值所占金额×（100/年度个人月考核平均分值）×100

（3）年终绩效薪酬。公司年末对各场全年平均"斤成本"进行核算，根据实际"斤成本"与核定"斤成本"的差额和全年实际上市生猪总质量计算年终各场绩效薪酬总额

（表11-2）。

①当年末实际"斤成本"与核定"斤成本"相当时，按个人全年月度考核结果的平均分值和年末标准绩效薪酬计算年末绩效薪酬。

②年末实际"斤成本"低于核定"斤成本"时，降低部分的15%乘以全年实际生猪上市总质量计算年末奖励绩效薪酬总额（不含前1应当发放的部分）。

③当年末实际"斤成本"高于核定"斤成本"时，超出部分的7.5%乘以全年实际生猪上市总质量计算年末扣罚绩效薪酬总额。

④副场长以下扣罚金额以前1计算结果的50%为上限，场长扣罚以年末标准绩效薪酬的2/3为上限）

表11-2　年末标准绩效薪酬

场长（元）	副场长（元）	场长助理（元）	技术员（元）
30 000	18 000	14 400	12 000

年终绩效薪酬计算方法:以配种妊娠、哺乳、保育、育肥各段全年月度考核分值的平均值为基础，场长×4，副场长×2.2，场长助理×1.5为标准，计算年末奖扣绩效薪酬。副场长、场长助理跨条线管理或所管条线有其他技术人员的，按所管理技术人员考核分值的平均值和各段权重计算考核分值，各段权重和水电工考核由各场场长自定。

绩效奖扣总额/全场总分值=每分值所占金额

个人奖励金额=每分值所占金额×年度个人月考核平均分值

个人扣除金额=每分值所占金额×（100/年度个人月考核

平均分值）×100

（4）补充规定。

①对全年经营效益特别明显的单位，由经理办公会讨论决定对该单位或个人实行特别奖励。

②对新建猪场或其他特殊原因无法进行"斤成本"考核的单位，由经理办公会讨论决定该单位或个人年度薪酬方案。

③场长在月度考核中执行不力或弄虚作假的，扣除当季度全额绩效薪酬。

④各场对其他行政人员的绩效奖罚应在季度、年度绩效薪酬考核结果中，先扣除场班子成员的奖罚金额后，再扣除其他行政人员应当奖罚部分，余下部分按考核分值分配给技术人员；其他行政人员个人奖罚金额不得超出技术人员个人奖罚金额。

2. 薪酬总体方案

表11-3　上海农场畜牧公司绩效考核薪酬

	场长	副场长	场长助理	技术员
基本工资	4 900	3 200	2 800	2 200
加班工资	1 600	1 200	1 000	800
小计	6 500	4 400	3 800	3 000
年度基本工资总额	78 000	52 800	45 600	36 000
月度考核标准薪酬	2 500	1 500	1 200	1 000
小计	30 000	18 000	14 400	12 000
年度考核标准薪酬	30 000	18 000	14 400	12 000
合计	138 000	88 800	74 400	60 000
底限薪酬	98 000	70 800	60 000	48 000

	场长	副场长	场长助理	技术员
"斤成本"降0.1元可取薪酬	210 000	130 000	105 000	78 000

3. 生产阶段技术人员月度考核方案

（1）配种妊娠阶段（表11-4）。

表11-4　配种妊娠阶段技术人员月度考核

项目		标准	考核办法	实际生产值	考核分值	权重	绩效得分
配种妊娠阶段	配种分娩表	90%	每提高或降低1%±5分			25	
	均衡生产分娩完成率	95%~105%	低于95%，每降低1%-5分，高于105%无奖励			15	
	窝均健仔数	11头	增减0.1头±5分			30	
	后备母猪利用率	85%	增减1%±5分			15	
	妊娠后期3~3.5分膘情	90%	增减1%±5分			15	
合计						100	

（2）产房阶段（表11-5）。

表11-5　产房阶段技术人员月度考核

	项目	标准	考核办法	实际生产值	考核分值	权重	绩效得分
产房阶段	（　）日龄断奶		每增减0.1kg±5分			30	
	断奶仔猪数	10.8头	每增减0.1kg±5分			30	
	断奶后1周发情率	90%	每增减1%±5分			15	
	断奶"斤成本"		每增减0.1元±3分，最高值±30分			10	
	正品率	95%	每增减1%±5分			15	
合计						100	

（3）保育阶段（表11-6）。

表11-6　保育阶段技术人员月度考核

	项目	标准	考核办法	实际生产值	考核分值	权重	绩效得分
保育阶段	饲料"斤成本"		每增减0.05元±5分			25	
	动保"斤成本"		每增减0.01元±3分			15	
	成活率	98%	每增减0.1%±2分			30	
	日增重		每增减1g±1分			15	
	正品率	95%	每增减1%±5分			15	
合计						100	

（4）育肥阶段（表11-7）。

表11-7　育肥阶段技术人员月度考核

	项目	标准	考核办法	实际生产值	考核分值	权重	绩效得分
育肥阶段	饲料"斤成本"		每增减0.05元±5分			35	
	动保"斤成本"		每增减0.01元±3分			15	
	成活率	97%	每增减0.1%±2分			15	
	日增重		每增减1g±1分			20	
	正品率	90%	每增减1%±5分			15	
合计						100	

（5）技术人员月度考核方案补充说明。

月度考核参考饲料价格以2014年12月30日为标准；季度（年末）"斤成本"考核以当季（全年）全公司实际饲料均价与标准价3.09元之差额结合标准料肉比3.05由公司统一修正。技术人员月度考核单项扣分最高值以该项得分为0截止。

4. 绩效薪酬模拟计算

以某猪场为例。该单位技术人员组成：配种妊娠2人，产房2人（场长助理1人），保育2人，育肥2人；防疫员1人，副场长1人分管保育和育肥，场长1人，合计11人。

2015年第二季度该单位全场"斤成本"为6.11元（公司核定"斤成本"为6.2~6.25元），每千克节约成本0.18元，该季度实际上市生猪13 000头×105kg/头=136.5万kg，节约总成本136.5×0.18元=24.57万元，则该季度奖励给该单位全场员工绩效薪酬总额为：24.57×15%=3.685万元。该单位各阶段月考核平均分值如表11-8。

表11-8　各阶段考核平均分值

	配种妊娠	产房	保育	育肥
4月	98	110	105	98
5月	101	105	100	102
6月	101	97	95	103
平均	100	104	100	101

考核分值如下：

（1）场长。（100+104+100+101）/4×4=405分。

（2）副场长。（100×50%+101×50%）×2.2=100.5×

2.2=221.1分。

（3）场长助理。（102×60%+106×40%）×1.5=103.6×1.5=155.4分。

（4）自考分值。技术员考核分值。

（5）防疫员暂按平均分值计算。（100+104+100+101）/4=101.25分。

（6）每分值所占金额。36 850元/1 588.75=23.2元/分。

（7）全场总分值。

（100×2）+104+155.4+（100×2）+（101×2）+101.25+221.1+405=1 588.75分

则该季度场班子成员奖励薪酬如下：

场长：23.2×405=9 396元；副场长：23.2×221.1=5 129.5元；场长助理：23.2×155.4=3 605.3元；其他技术人员扣除行政人员奖励后，每人平均奖励薪酬为2 000元左右。

第三节　上海祥欣"绩效考核管理制度"的实践

上海祥欣畜禽有限公司在充分分析企业如何提高"成本、效率"的基础上，选择了引入现代企业管理机制，深入开展"绩效考核管理"实现企业突破、把握未来，作为我们面临变革主要运营管理手段。2013年祥欣公司转变企业管理机制，开始了以"全员绩效考核管理"为核心内容的一系列变革探索，经过近两年的推广实施、修订完善，目前该制度已经成为明确员工工作内容与标准，引导员工工作努力方向，激励员工工作热情的有效措施。

数据管理方面，祥欣公司选择了国内行业内成熟的生产管理软件GPS的网络升级版本–KFNetsKing（开福，简称KF）。这个版本除了具有网络使用的便捷性外，更重要的是其在数据的逻辑性上更加严密。例如，种猪后备选留、配种、分娩、断奶、配种等生产环节，环环相扣。对数据输入提高了要求的同时，也使得数据更加真实可信。祥欣公司的"绩效考核方案"是结合"员工薪酬制度""岗位晋升管理制度"一起开展推进的，并建立巡查制度，由公司生产技术部、场长、主管就相关项目对被考核人员进行定期或不定期现场操作标准执行情况进行考核。

一、调整完善"员工薪酬制度"

在原有工资制度基础上，进一步明确了月度工资和年度薪酬的构成，对加班工资、岗位工资、考核工资等进行了明确规定。同时，对普通员工工资额度规划发放进行了策略性调整，采取总额不变或略有提高的原则下，提高月度工资，降低年度奖金的工资发放办法。

1.月度薪酬

由【月基本工资】+【月加班工资】+【月岗位工资】+【月度考核工资】等几部分组成。调整目的有如下几条。

（1）与国家劳动法的相关规定相一致，劳动法要求员工要每月有休息的权利，加班要求双薪乃至三薪。

（2）行业间比较，提高月度工资会加强对饲养人员的吸引力，降低招工难度。

（3）岗位和考核工资的设立使月度工资中的岗位工资行

使起竞争上岗、同岗同酬的作用，使考核工资行使起有效的过程管理作用。

（4）使年度奖金的发放更加名副其实，也降低了年度奖金发放的难度。

（5）人员流动不再集中在年度奖金发放后，而趋向均衡，极大地减轻了年终人员招聘的压力。

2. 年度考核薪酬（分为场长、副场长及其他生产管理人员，三类）。

（1）场长年度绩效考核薪酬由："年工作量工资"+"年工作成绩工资"+"成本控制奖罚"三部分组成。

（2）副场长年度绩效考核薪酬由"年工作量工资"形成。

（3）其他管理人员由"年度工作目标完成率×定额年度考核薪酬"形成。

3. 年度奖金（生产性人员）

为了使年终奖金的发放也起到激励作用并且有据可依，制定了年终奖金发放制度，涵盖了包括场长在内的所有生产性人员。

二、月度绩效考核制度

1. 场长考核

内容由"经济指标""管理指标""周月重点工作""流动红旗评比"四部分按照不同比例构成，包括了业绩考核和行为考核两个方面，涵盖了一个场长主要的管理工作，给场长指明了工作方向。经济指标主要是考核前后段两个指标，即月度的"PSY"（每头母猪年断奶仔猪数，前段生产成绩指示性指标）和"后段成活率"的达成率。"流动红旗评比"就是对前后段两个指标（PSY、后段成活率）完成与目标差异值进行公司内的各场排名，最后一名考核分值为零（表11-9）。

表11-9　猪场场长月度考核表

序号	被考核人 考核项目			岗位：　场长 考核权重（10%）	考核办法、目标	实际	差值	直接领导 上级评分		
								自评	考评	评语
1	经济指标（30%）	PSY（头）		12	3分/0.1头（标准）					
		后段成活率（10%）		18	2分/1%，（标准）					
2	管理指标（60%）	人员管理（20%）	员工考核	10	成文、会议点评（有公司人员参加，张贴，有效）					
			企业文化	10	展开文化、培训活动（月度两次），凝聚力强					
		后勤场务管理（10%）	食堂后勤、水果、设施设备饲料、销售等计划保障	10	没有事故，维修技师；饲料计划及时性、销售计划准确率90%以上					

（续表）

序号	被考核人			岗位：　场长		实际	差值	直接领导		
	考核项目			考核权重（10%）	考核办法、目标			上级评分		评语
								自评	考评	
2	管理指标（60%）	生产管理（30%）	生产巡查及整改执行	10	巡查项目合格率90%					
			KF数据软件的使用	10	熟悉数据管理，盘存为零					
			台账记录管理	10	按照政府部门要求标准为优秀					
3	月（周）工作重点（60%）	月度汇报		12	准备认真度、内容真实性、汇报效果好					
		上月布置工作完成情况		15	重点清晰，计划性强，执行力强					
		周重点生产数据反馈表		16	数据真实，反馈及时，措施有力（4分/周）					
		死亡日周报		17	及时、准确（0.5分/次）					
4	流动红旗评比	PSY		50	每项最后一名，-50分，其他排名满分					
		后段成活率								
	合计			200						

2.育种员月度考核表（表11-10）

表11-10　育种员月度考核

考核项目	明细	内容	分数	被考核人填写		考核人填写	
				考核结果	自评分	评语	考核分数
各阶段育种工作要求	产房	及时做好种猪出生登记、打耳缺、寄养、初选、断奶称重与记录等，耳缺打错1窝扣1分，分辨不清楚扣1分，各项记录每记错一处扣1分	10				
	保育	种猪发育的跟踪与评价，入测种猪的挑选，每缺少1窝评价记录扣1分	5				
	育成	种猪生长性能测定、外貌评定、遗传评估与选留，切实按测定评估后的规范程序留选种猪，做到按遗传评估结果和外貌评分择优选留，测定种猪的外貌评定少1头扣0.5分，未经测定留种每头扣1分，未按指数和外貌选种每头扣1分	20				

（续表）

考核项目	明细	内容	分数	被考核人填写		考核人填写	
				考核结果	自评分	评语	考核分数
配种要求	数量	月配种窝数偏离标准的10%的月数，1月扣1分	3				
	选配	在配种过程中公猪品种精液选用错误者每出现一次扣1分，种猪出现杂色毛每发现一窝扣1分	3				
	后备	达到生产计划的留种数，后备母猪发情记录每缺1头扣0.1分	5				
育种数据上报要求	数量	按生产计划充当月测定量，少测1窝扣0.4分	5				
	质量	保证测定数据的有效性，及时对上报数据核查，数据上报错误1次扣0.2分	3				
	及时性	每周上报1次，少报1次扣0.5分，当月育种数据最迟于下月10号前完成上报，每推迟1天扣0.5分	2				
育种数据要求	完成质量与及时性	每月定期对育种数据和档案进行检查，共19项档案，延时完成每项扣0.1分，原始档案与软件内保持一致性，错误1项扣0.1分	14				

（续表）

考核项目	明细	内容	分数	被考核人填写		考核人填写	
				考核结果	自评分	评语	考核分数
种猪出场鉴定要求		客户挑选过程中没发现1头不合格种猪（有明显缺陷或种用缺陷）扣1分，以上工作由销售部拍照取证监督	10				
其他重点事项1		FIRE测定站的使用管理，制订测定计划及执行情况，切实做到对饲料转化率的选育与提高，按长速和料比每择优留选1头加1分	10				
其他重点事项2		Herdsman软件数据的登录与使用，延时上报1次，错误1次各扣1分	5				
其他重点事项3		保证供应原体系符合种用要求的公猪精液，有遗传缺陷的坚决不能使用，如出现一次扣1分	5				
合计			100				

3.统计员月度考核表（表11-11）

表11-11　统计员月度考核

项目	考核指标	考核方法	所占分值	完成情况记录	考核人	自评	考核	备注
数据管理（40%）	所有月报表（生产、兽药等）如实、规范、准确填写，及时上报	不超过每月27日，超过1天扣5分，每错1条扣1分	10		办公室			
	每天及时登录并准确录入猪场管理软件，保证生产数据不漏录，不错录。当天发生数据尽可能当天录入，最晚至第二天早8:30以前	场长执行审核过程中发现由于统计员原因，漏录1条，扣1分	10		技术部			
	每月25日盘存26日早8:30之前审核，盘差为零	每误差1头（25日重点数据与KF误差），扣1分	5		技术部			
	每月汇总整理并保存好所有原始数据资料和报表，做到所有数据可溯源。（配种、妊检、分娩、转群、饲料、死亡、销售7项记录表）	发现数据缺失的酌情扣分，未提供准确数据查实1次扣1分	10		技术部			
	场内转群如实、公平地鉴定，并收集相关单据，及时上报。	发现1次扣1分	5		场长			

（续表）

项目	考核指标	考核方法	所占分值	完成情况记录	考核人	自评	考核	备注
生产管理（40%）	及时向政府部门上报各种报表、台账（浦东疫控中心、监督所、镇兽医站、国家活体储备）	每晚报1d，扣5分，不合格1项扣1分	10		办公室			
	场内药品、疫苗、五金库的入库、出库登记，以及入库单、出库单的开具	每相差1条，扣1分	5		技术部			
	出生仔猪如实登记（含称重、个体信息、弱仔、畸形详细记录，出生录入不超过16小时）并打耳缺	1胎未登记或者造假扣2分	10		技术部			
	后备入群、配种、母猪分娩、断奶、淘汰信息（断奶窝中、断奶数等）登记	1条信息未登记或造假扣1分	10		技术部			
	及时发现场内生产中异常数据，提醒管理人员		5		场长			
销售管理（10%）	场内猪只销售过磅，销售单据填制、打印磅码单，死亡猪只出场核实及单据填写	发现错误或造假每次扣2分	10		办公室			

（续表）

项目	考核指标	考核方法	所占分值	完成情况记录	考核人	自评	考核	备注
其他事项（10%）	本场员工考勤情况，及时向领导提供所需统计资料，并完成领导临时安排的其他工作	猪场场长执行考核	10		场长			

4. 饲养员（场长助理以下员工）月度考核方案（表11-12）

表11-12　各场前段定编人员及考核总金额测算（举例）

		场	场
业绩70%	配怀人员	3+2	2+2
	产房人员	6+1	6+1
	人员合计	9+3	8+3
	月考核金额	9×200+3×300=2 700元	8×200+3×300=2 500元
	月度断奶目标	1 750	1 550
	头断奶考核金额	2 700×70%/1 750=1.08元	2 500×70%/1 550=1.13元
	月断奶1700头，其中一位员工业绩考核所得金额（举例）	饲养员：1 700×1.08=1 836元；1 836×（200/2 700）=136元	组长：1700×1.13=1921元；1 921×（300/2 500）=230元
	注："+"后面数字为组长，考核金额饲养员为200元，组长为300元；业绩考核占70%，行为考核占30%		
行为30%	根据巡查制度所列标准化、精细化操作规程执行情况进行考核（略）		

饲养员是猪场的员工主体，一个考核方案只有被广大的饲养员接受了，产生了激发他们工作热情的作用，这个考核方案才能够说是可行的方案、成功的方案。在考核工作开展之初，考虑到饲养员对于考核的顾虑，对于工资开始拉开差距的不习惯，我们采用饲养员200元/人的考核金额，以后逐年增加的办法，让大家逐渐适应考核的常态化。具体考核方案公司给予指导意见，授权场长灵活执行，例如猪场发生疫情等情况导致工作任务量显著下降时，考核时场长可酌情考虑疫情的影响因素。

本考核扼要的分为"前段"和"后段"，业绩考核指标也简化为PSY和后段成活率分别来对应生产前段和生产后段。其中，需注意的是与后段考核各对饲养员独立的成活率不同，前段考团队，考整体，体现一荣俱荣，一辱俱辱的母猪饲养、繁殖管理方式。

三、年度绩效考核制度

年度绩效考核制度就是将年初公司制定并下达给各场的生产任务目标进行逐级分解，落实到不同管理岗位上。形成团队一致的目标，形成动力的同时还要形成合力。

场长年度绩效考核薪酬由："年工作量工资"+"年工作成绩工资"+"成本控制奖罚"三部分组成。"年工作量工资"就是将年初公司制定并下达给各场的出栏猪数量目标，分解到日常的猪出栏当中，根据下表所列，出栏一头，拿一头的钱，出栏什么猪，拿什么猪的钱，日常记账，每月发放，体现多劳多得的考核原则。"年度生产效率考核"就是根据各场不同品种存栏数量，生产性能（产仔数、产胎数）、成活率综合制定出各场的MSY（每头母猪每年提供出栏猪数量）目标，每增减一头，增减2万元，总额6万元，上不封顶。年终核算年底发放。体现工作能力，能劳能得的考核原则。"成本控制奖罚"就是重点将饲料、兽药成本进行定额测算后，制定相应的考核办法，年终测算年底发放。

基本保健、治疗药物核定标准：元/头出栏猪；节省部分按10%奖励；超出部分按5%扣罚。

饲料方面：加强领料，称重管理。全年全群料比标准为X：1；每下降0.1，奖励6 000元，封顶30 000元/年；每超出0.1，扣罚5 000元，封顶15 000元/年。

分阶段科学使用饲料，日常抽查中如发现严重违规现象，将对场长及相关人员进行处罚。

节约用水用电，在生产巡查中发现浪费水电现象，将对场长及相关人员处罚。

四、年终奖金制度

制度具体是根据"年终生产目标达成场间排名（以MSY指标为主）形成的系数"，即场排名系数×个人月度标准工资组成，来测算这部分奖金。原则上这部分公司测算后打包交付给各场，各场制定具体发放方案，并交公司审核备案后发放（表11-13）。

表11-13　上海祥欣畜禽有限公司年终奖金制度排名系数

	第一名	第二名	第三名	第四名	第五名
完成指标	3.5	3	2.5	2	1.5
未完成指标	2.5	2	1.5	1	0.5

注：目标未完成距离超过15%的场，一律按照最后一名计算；差距在0.01以下的视为相同成绩

参考文献

艾默里·B，洛文斯著，王乃粒译. 2000.《自然资本论导读》（上）[J]. 世界科学（08）.

才永娟，贺佳伟，黄如渠，等. 2011. 猪冷冻精液在规模化猪场中的应用实践[J]. 猪业科学，8：96-98.

蔡志强，徐步进. 2000. 家畜早期妊娠诊断的研究进展[J]. 中国畜牧杂志（06）：49-51.

陈红兵，卢进登，赵丽娅，等. 2007. 循环农业的由来及发展现状[J]. 河南科技大学学报：社会科学版（12）：65-68.

陈奇，郑家明，冯良山，等. 2006. 关于辽西地区种养结合高效生产模式的探讨[J]. 杂粮作物，26（02）：157-158.

陈晓栋，原向阳，郭平毅，等. 2015. 农业物联网研究进展与前景展望[J]. 中国农业科技导报，17（02）：8-16.

陈兆英，论士春，李满玉，等. 2006. B超在母猪妊娠监测中的应用[J]. 河北畜牧兽医（11）：14-15.

丁博文. 2011. 母猪的生理和管理[J]. 国外畜牧学（猪与禽）（03）：15-21.

房国锋，曾勇庆. 2012. 猪人工授精中深部输精技术的研究与应用[J]. 养猪，6：34-37.

冯现明. 2005. B型超声诊断法在母猪怀孕鉴定中的应用[J]. 河

南畜牧兽医（11）：23-24.

顾晓峰．2010．小型种养结合生态家庭农场模式的探索与研究
[D]．上海:上海交通大学.

管继刚．2010．物联网技术在智能农业中的应用[J]．通信管理与
技术（03）：25-27.

侯鹏程，陈佳妮．2010．上海耕层土壤有机碳空间差异及影响因
素[J]．环境科学与技术，33（12）：102-105.

侯鹏程．2010．上海松江农田土壤20年养分变化研究:安徽农业科
学[J]．38（12）:6438-6440.

黄正英，曾五芽，曾保根，等．2011．高温对种公猪的影响及对
策[J]．江西畜牧兽医杂志，3：31-32.

江龙海，赵松，宁国信．2001．滴水降温与雾化降温对妊娠、哺
乳母猪效果观察[J]．养猪，3：37-37.

寇海军，幸福．2013．猪的人工授精技术[J].甘肃畜牧兽医，
4:37-38.

李海锋，张和军，扶祥生．2014．瘦肉型猪种后备母猪的培育
[J]．猪业科学，5：104-106.

李晓霞，曹平华，禹学礼．2013．胎次和配种季节对PIC母猪繁
殖性能的影响[J]．家畜生态学报，34（6）：40-4.

廖英群．2015．种公猪常见病及其综合防治措施[J]．中国畜牧兽
医文摘，5：126-126.

潘陈苗．2014．种公猪常见病的防治及其预防[J]．养殖技术顾
问，12：169-169.

潘英，方钦．2014．加系大白母猪不同初配日龄与繁殖性能表现

的关系[J]. 当代畜牧，9：47-48.

彭癸友，覃发芬. 2002. 光照对母猪几项繁殖指标的影响[J]. 当代畜牧，7：21-21.

任庆海，任宏伟，黄浩. 2015. B超在猪妊娠诊断中的应用[J]. 中国畜牧兽医文摘（5）：223.

沈尔平. 2006. 光照对母猪影响的试验研究[J]. 养猪，3：53-53.

孙庆华，陈小兵. 2013. 母猪人工授精的几个环节[J].养殖技术顾问，7：39-39.

田允波，李琦华. 1991. 季节、温度和光照对猪繁殖机能的影响[J]. 家畜生态学报，3：37-41.

王继英，武英，张大龙，等. 2008. 温带气候条件下胎次、季节和哺乳期对母猪繁殖性能的影响[J]. 家畜生态学报（03）：73-76.

王清义，王占彬，杨淑娟. 2003. 光照对仔猪和繁殖母猪的影响[J]. 黑龙江畜牧兽医，8：66-67.

王振远. 2012. 通过外部观察与公猪试情鉴定母猪发情. 养殖技术顾问[J]. 1：50-50.

徐珍玉. 2015."物联网+"现代农业发展新机遇[J]. 上海信息学（06）：22-24.

许栋，刘炜，李何君，等. 2012. 膘情控制及在提高母猪繁殖性能上的研究应用[J]. 上海畜牧兽医通讯，5：54-55.

姚德标，夏天，陆肖芬，等. 2011. 适度深部输精对提高产仔数和降低精液用量的效果[J]. 黑龙江动物繁殖，19（04）：15-18.

张守全，冯定远，麦月仪，等．2005．母猪背膘厚度对其繁殖性能的影响[J]．养猪（01）：11-12.

郑成利．2006．猪的人工授精技术及操作要点[J]．河南畜牧兽医，7：22-24.

中华人民共和国农业部．2003．猪人工授精技术规程（NY/T 636-2002）（第一版）[M]．中国标准出版社。

Bloemraad M，de Kluijver EP，Petersen A，et al. 1994. Porcine reproductive and respiratory syndrome:temperature and PH stability of Lelystad virus and its survival in tissue specimens from viraemic pigs[J].Vet Microbiol，42：361-371.

Cartwright SF, Lucas M, Huck RA. 1969. A small haemagglutinating porcine DNA virus. I .Isolation and properties[J]. J Comp Pathol，79：371-379.

Ogasa A，Yokoki Y，Fujisaki Y，et al. 1977. Reproductive disorders in boars infected experimentally with Japanese encephalitis virus[J].Jpn J Anim Reprod，23：171-175.

Pluimers FH，De Leeuw PW，Smak JA，et al. 1999. Classical swine fever in the Netherlands 1997—1998：a description of organization and measures to eradicate the disease[J].Prev Vet Med，42（3-4）：139-155.